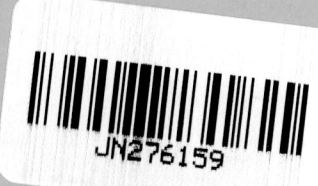

洋酒手帳

Western Liquors Encyclopedia For Gourmet

本書ではワインやビールなどを除く、いわゆる洋酒と総称されるものを紹介する。ウイスキー、ブランデー、ジンなど、いずれもが蒸溜酒で、すっきりとした口当たりと芳醇な芳香が魅力的な一品ぞろいである。特にウイスキーは日本では最もなじみが深く、バーカウンターではカクテルとともに注文されることが多い。かつては、ブレンデッドに親しむ傾向が強かったが、シングルモルトにふれることで奥深さを感じるファンが増えているのは実にうれしいところだ。

ブランデーでも、コニャックやアルマニャックなどのブランドだけでなく、イタリアのグラッパなど、幅広く楽しまれるようになってきた。そしてジンやウオッカ、ラム、テキーラ。これらもまた印象的な香りによって、洋酒ファンを魅了し続けている。ストレートやロックも捨てがたいが、さらに、カクテルベースとしての存在感は筆舌に尽くしがたい。銘酒ぞろいで、老若男女あまねく楽しめる酒といえるだろう。

さて本書はそれら洋酒の基本銘柄を取り上げた。楽しんで読みながら、今度はご自身でその奥深さを探りつつ、新たな発見に旅立っていただければ幸いである。

2011年6月吉日

監修　上田和男

「洋酒を楽しむのに、面倒な能書きは要りません。この本では、洋酒を知る道しるべとなるような、最も基本的なものを紹介しましょう。ほんのちょっと、楽しい蘊蓄話などを添えてね」

名バーテンダー上田氏のそんな軽やかな言葉と穏やかな笑顔から、本書の編集作業は始まった。

だが、洋酒の世界はあまりに奥が深い。一歩踏み込むと、ずぶずぶと沈み込むような魔力を秘めていた。知れば知るほどもっとその先を知りたくなる。協力を仰いだ各社の担当の方々からも、製品への熱い思い入れの心が伝わってくる。

そしてまた洋酒は生き物である。生まれるもの、消えるものがあるのはもちろん、同じ銘柄でもどんどん変化していく。その姿を探るため、過去を遡り今を追いかけ、何百年も時空を旅するはめに陥る。

かくして、このような形になった。内容的には基本情報に傾いた感があり、忸怩たる思いもあるが、この先は読者の皆さま方に委ねたい。洋酒にまつわる面白い話の発見のみならず、あなたと洋酒の新たな物語を紡いでいっていただけたら幸いである。

2011年7月吉日

執筆代表　松尾富美恵

◉目次

ブランデー

ジン

ウオッカ

ラム

テキーラ

その他の蒸留酒

[column]

◉本書の使い方

種別詳細

現地語表記名

生産国(地)名

銘柄名

酒の種類

英国（スコットランド）

DALMORE

ダルモア

スコッチ　シングルモルト　ハイランド　ウイスキー

シェリー樽で熟成し香りが豊かな
ホワイトマッカイのキー・モルト

ハイランド地方の北部にある蒸溜所は1839年に創業。1867年にマッケンジー兄弟がオーナーに就任、ホワイト&マッカイ社の創始者に原酒の提供を開始した。現在もブレンデッド・スコッチの銘酒ホワイトマッカイ（P73）のキー・モルトとして知られる。シェリー樽を主体とした熟成が特徴で、スパイシーな香りの12年、芳醇なシェリー香がある15年、マディラやバーボンなど6種類の樽で熟成した原酒を用いた1263キングアレキサンダー3世など、個性的なラインナップが揃っている。

ダルモア 12年
アルコール度数40度
容量700ml
参考価格7350円

(輸入元)

おもなラインナップ

ダルモア グランレゼルヴァ
アルコール度数40度
容量700ml
参考価格8400円
ダルモア 15年
アルコール度数40度
容量700ml
参考価格10500円
ダルモア 1263
キングアレキサンダー3世
アルコール度数40度
容量700ml
参考価格21000円

23

代表製品名

一つの銘柄でも、いろいろなタイプやヴィンテージのものがあります。その中で、最もポピュラーなもの、特におすすめのものなど、銘柄の顔といえる一本です。

アルコール度数

容量

参考価格

基本的に税込価格を表示しています。税別の場合には、金額の後に（税別）と表記してあります。正規の輸入元が提示しているもので、あくまでも参考です。価格は同じ製品でも状況や発売元によって異なりますので、ご注意ください。

輸入元

2011年7月現在、日本国内において正規に輸入販売、あるいは総代理店を務めている会社名です。しばしば変更になることがあるので、ご注意ください。一部で製造元、発売元の表記もあります。

銘柄のおもなラインナップ

正規の輸入元から発売されているラインナップのおもなものです。写真の左から順にそれぞれデータを記載しています。データは基本的に製品名／アルコール度数／容量／参考価格の順です。

ウイスキー
Whisky / Whiskey

歴史と概要

蒸溜器の発祥は紀元前3000年との説もあるほど古いが、この器具を使って穀類を原料とした蒸溜アルコールが製造されたのは、8～9世紀のアラブ世界であったとされる。これがヨーロッパに渡り、本格的に蒸溜酒が造られるようになったのが12～13世紀。薬として用いられたのが最初という。その後、様々な穀類を原料にすることで多種多彩な蒸溜酒が誕生するが、なかでも現在最も世界で愛されているのがウイスキーである。

さて、その発祥にはアイルランドとスコットランドの2説がある。アイルランドでは1172年に大麦を原料にした蒸溜酒がすでに飲まれていたようだが、文献として残っているのは1494年のスコットランド財務省文書が最古。どちらにしても、今日に至るまでウイスキー造りにおける世界の中心がこの2つの地であることに変わりはない。もっともウイスキーの名が定着するのは18世紀の初めのことだ。それまではラテン語で「命の水」(もともと薬だったため)を意味するアクアヴィテと呼ばれていたが、当時アイルランドやスコットランドで使われていたゲール語で「ウシュケ・ベーハ」(同じく命の水の意)と呼び始めたのだ。

1707年にスコットランドはイングランドと合併するが、この時代にはまだ、ウイスキーは無色透明だった。それが琥珀色をした芳香豊かな飲み物になったのは、1725年にフランスとの戦いの戦費調達を目的に、酒税が一気に十数倍に跳ね上がったことに起因する。以来100年間もその税率が続き、蒸溜所のなかには税を納めずに売りさばこうと密造するところが増えたという。密かな商売だから、蒸溜後しばらく隠し、頃合を見計らって出荷せざるを得ない。そのため樽に入れて保存していた結果、熟成が進み、あの独特な色合いが生まれたのだ。

とはいえ、ウイスキーが世界に広がるにはそれからしばらく年月がかかる。19世紀後半、フランスではワインやブランデーの原料であるぶどうがアブラムシの害によって壊滅的な打撃を受け、ほとんど生産できなくなった。そこで英国からウイスキーを輸入するようになり、これが世界に広がる端緒となった。

ところで現在、世界5大ウイスキーといわれるのが、スコッチ（スコットランド）、アイリッシュ（アイルランド）、アメリカン（アメリカ）、カナディアン（カナダ）、ジャパニーズ（日本）。アメリカは1776年に英国から独立するが、ウイスキー製造技術はすでに移民とともに伝わっており、また西部のケンタッキーに進出していた農民の間でもトウモロコシを原料にバーボン・ウイスキーが造られていたという。しかし1920年に施行された禁酒法が13年間も続き、多くの蒸溜所が閉鎖される。ただし秘密に営業する酒場の取り締まりは比較的緩やかだったため、その供給源として隣国カナダ（アメリカ同様、移民とともに技術が伝播）のウイスキーは飛躍、技術の向上と生産量の増大が一気に進んだ。日本にウイスキーが現れるのは幕末の開国以後であり、日本人の手による製造は1923年、寿屋（現サントリー）が京都・山崎に蒸溜所を設けたのが始まりだった。スコットランドに技術留学後帰国していた竹鶴政孝が製造の指揮をとり、竹鶴は後に退社しニッカウヰスキーを創始した。

原料と製法

ウイスキーは大麦やライ麦、小麦、トウモロコシを主原料として造られるものをいうが、現在ではライ麦は、カナディアン・ウイスキーで若干使用されている程度である。発芽した大麦（麦芽＝モルト）に熱湯を加えて糖液を作り、これに酵母を加えて発酵させると、アルコール度数7%ほどのもろみ（ウォッシュと呼ばれる蒸溜原液）ができる（ここまでの工程はビール醸造とほぼ同じ）。ウイスキーにとって大麦は、日本酒や焼酎の麹と同じく糖化発酵の素材として欠かせない存在だ。ライ麦や小麦、トウモロコシが主原料の場合にも必ず大麦が用いられる。

もろみを蒸溜器にかけアルコール成分を一旦気化し冷やしたものがスピリッツと呼ばれる蒸溜酒だ。蒸溜酒は、醸造酒に比べてアルコール度数が高く、原酒は60〜70%に及ぶ。これを樽に詰めて熟成させ、最終的には加水し40%程度の商品として出荷される。

製造過程で重要な工程が蒸溜だ。濃度を高めるために複数回蒸溜するのが通常で、単式蒸溜器（ポットスチル）と連続式蒸溜器（パテントスチル）の2通りがある。単式蒸溜は、香味成分が多く含まれた蒸溜液を抽出するのが特徴で、連続式蒸溜は香味成分が少なく、口当たりがなめらかな蒸溜液を抽出するのに適している。

ウイスキーは、原料とこの蒸溜液をどう詰めるかで分類される。

まず、スコッチ・ウイスキーにおいては、原料に大麦麦芽（モルト）のみを使用しているものを「モルト・ウイスキー」と呼ぶ。そして、一つの蒸溜所で製造したモルト・ウイスキーのみを瓶詰めすると「シングルモルト・ウイスキー」となり、何カ所かのモルト・ウイスキーを合わせると「ヴァッテッドモルト・ウイスキー」となる。

一方、大麦以外の穀類も原料にしたものは「グレーン・ウイスキー」と呼ばれる。そして、このグレーン・ウイスキーとモルト・ウイスキーをブレンドしたものが「ブレンデッド・ウイスキー」となる。モルト・ウイスキーは単式蒸溜、グレーン・ウイスキーは連続式蒸溜が一般的である。

なお、アメリカン・ウイスキーにおいては、大麦が原料の51%以上を占めると「モルト・ウイスキー」と呼び、大麦だけを原料としているものは「シングルモルト・ウイスキー」と呼ぶので少しややこしくなってしまうのだが、アメリカン・ウイスキーの代表格と言えば「バーボン・ウイスキー」で、こちらはトウモロコシが主原料である。

さて、蒸溜した原酒の味わいをより高めるのが熟成。樽に詰め、長い年月をかけて荒々しい原酒をまろやかにする工程だ。最初は透明だったものが琥珀色に変化し、樽から溶け出した香味成分が加わる。5年で独特な色とまろやかさが生まれ、15年で完成に近づくといわれる。

本書ではこのウイスキーを5大産地ごとに紹介するが、本場スコッチは名門蒸溜所が多く、地域によって特徴が異なることから、ハイランド、スペイサイド、ローランドとキャンベルタウン、アイランズ、アイラと地域別に分け、またブレンデッドには秀逸銘柄が多いことから独立項目とした。

◆**スコッチ** *Scotch*

英国・スコットランド地方で製造されるウイスキーの総称で、ウイスキーの代名詞としてあまりに有名。以下のアイラまでの5つのエリアは世界的に知られる老舗蒸溜所が多く、モルト・ウイスキーの名産地として名高いが、ブレンデッド・ウイスキーも世界中で人気がある。

ハイランド *Highland*

スコットランドの中央部に位置。蒸溜所数が多いうえ、最古の政府公認蒸溜所の一つが現存するなど、スコッチの中心地といえるエリアである。また、小規模で生産量が少なく希少銘柄と呼ばれるものが多いのも特徴だ。

スペイサイド *Speyside*

ハイランド地方の東北部。スペイ川流域に50を超える蒸溜所が集中。ここにも最古の政府公認蒸溜所の一つがあるほか、ウイスキーファン垂涎の蒸溜所が肩を並べている。

ローランドとキャンベルタウン *Lowland & Campbeltown*

スコットランド南部。かつてはハイランドに劣らぬ人気を誇ったが、大量生産の結果、支持を失って衰退。現在は3つの蒸溜所が稼働し、いずれも評判は高い。ちなみにスプリングバンクは、ウイスキー生産地の名門の一つキャンベルタウンで造られる。

アイランズ *Islands*

ハイランド地方の北西に浮かぶ5つの島の総称。蒸溜所は6カ所あり、それぞれ個性的なウイスキーを製造している。

アイラ *Islay*

スコットランドの西岸沖にあるアイラ島には8カ所の蒸溜所がある。スコッチの中でも特にスモーキーで香味の強いウイスキーが生産される土地として知られる。

└ **ブレンデッド** *Blended*

バランタイン、シーバス リーガルなど日本でおなじみ、かつ人気のあるウイスキーの多くが、このブレンデッド銘柄。いわば「いいとこ取り」なだけに人気も当然か。

スコッチだけでなく、モルト・ウイスキーとグレーン・ウイスキーをブレンドすれば、一般的にブレンデッド・ウイスキーと呼ぶ。

◆アイリッシュ *Irish*

スコットランドと並びウイスキー発祥地とされるアイルランド。この島国の北部が英国領・北アイルランドで、南部はアイルランド共和国だ。どちらの地で生産されても、一般的にアイリッシュ・ウイスキーと呼ぶ。

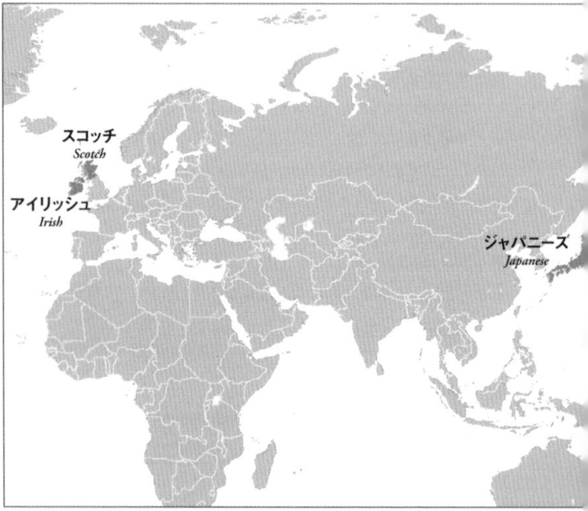

◆アメリカン *American*

代表的なのが、ケンタッキー州で発祥したトウモロコシを主原料にするバーボン・ウイスキー。大麦、小麦、ライ麦などが原料のウイスキーも造られるが、日本での人気はやはりバーボンだ。

◆カナディアン *Canadian*

カナダのウイスキーはブレンデッドが主流。風味の強いライ麦仕上げとマイルドなトウモロコシ仕上げをブレンドした、複雑な味わいで評価を得ている。

◆ジャパニーズ *Japanese*

5大産地の中で歴史はいちばん新しい。スコッチを手本にして出発したが、日本人の嗜好に合わせ、スモーキーさが抑えられているのが特徴。モルト・ウイスキーとブレンデッド・ウイスキーが主流。

スコッチ
Scotch

スコッチの概要と特徴

スコッチは、ウイスキーの代名詞ともいわれるほど代表的な存在だ。スコットランドには100以上もの蒸溜所が建ち、ウイスキーの名品が数多く製造されている。この土地でウイスキー造りが盛んとなった理由は、気温が低く湿地が多い気候風土にある。原料となる大麦の生育に適しているほか、湿地帯にはピート（泥炭＝シダやコケ、ヒースなどが枯れて堆積したもの）ができるためだ。原料の大麦麦芽を乾燥する際に、ピートを一緒に焚いて香りを麦芽に移すことで個性的なフレーバーが生まれる。この香りこそがスコッチの最大の特徴であり、魅力である。

スコッチの定義

1990年スコッチ・ウイスキー令では、スコッチの定義を次のように定めている。

1. 大麦麦芽（他の穀物も全粒なら加えてもよい）と水とイースト菌のみを原料とする。
2. スコットランドの蒸溜所内で糖化、発酵、蒸溜を行う。
3. 風味を損なわないため、蒸溜時のアルコール度数は94.8度未満。瓶詰めする際のアルコール度数は最低40度。
4. オーク材で作られた容量700ℓ以下の樽に詰め、スコットランドの貯蔵庫で3年以上熟成させること。
5. 原料や製造工程で得られる色・香り・味を保っていること。
6. 瓶詰めの際に許される添加物は、水と色づけのキャラメルのみ。

スコッチの種類

スコッチはモルト・ウイスキーとグレーン・ウイスキーに大別される。大麦麦芽（モルト）のみを原料として単式蒸溜器を使用したものがモルト・ウイスキーで、トウモロコシと大麦麦芽を5：1の割合で配合し連続式蒸溜器を使用したものがグレーン・ウイスキーだ。そして、両者をブレンドしたものはブレンデッド・ウイスキーと呼ばれる。

スコッチの真髄「シングルモルト」

モルト・ウイスキーの中でもシングルモルト・ウイスキーは、大麦麦芽のみを原料として単一の蒸溜所で造られた原酒だけを樽詰めした、まさにスコッチの真髄というべきウイスキーだ。特に近年は、ピート香の強いシングルモルトが世界的なブームとなったことで注目されている。

シングルモルトは、飲みやすいブレンデッドとは異なり、個性的な味わいが特徴。産地によって、香りや味わいも幅広い。本書では、歴史ある蒸溜所を有し、優れたシングルモルトを製造している地域を、ハイランド、スペイサイド、ローランドとキャンベルタウン、アイランズ、アイラの5つに分けて、それぞれとくに有名な銘柄を紹介している。

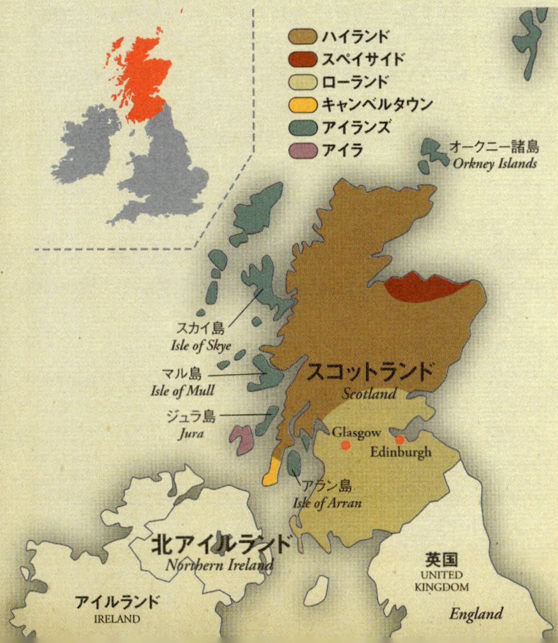

ハイランド
Highland

広い地域に点在する約40の蒸溜所

スコットランド中央部に位置し、東はダンディー、西はグリーノックを結ぶ境界線の北側の広大な地域。西側にはスコットランド最高峰のベンネヴィスが聳え、裾野には荒涼とした草原が広がる。清涼な雪解け水が仕込み水として最適で、古くからウイスキーが造られてきた。1785年創業のグレン ギリーなど歴史ある建物が今も残る。現在は約40の蒸溜所があるが、規模やタイプは様々で、多士済々といった感がある。

ピート香が少ない飲みやすさが特徴

地域が広いので、東西南北の4つに区分されるのが一般的。それぞれ製造方法や環境に違いがあるため、ウイスキーの味に共通項はないが、比較的ピート香が穏やかで、力強い味わいのものが多い。

おもな特徴は次の通り。

ハイランド北……個性的な味わいのものが多く、クライヌリッシュやグレンモーレンジィなどの名品が揃う。

ハイランド南……まろやかで飲みやすく、フルーティー。

ハイランド東……スペイサイドモルトに似通っており、華やか。

ハイランド西……アイラモルトとハイランドモルトの中間的な味わい。

英国（スコットランド）

DALMORE

ダルモア

スコッチ　シングルモルト　ハイランド　ウイスキー

シェリー樽で熟成し香りが豊かな ホワイトマッカイのキー・モルト

ハイランド地方の北部にある蒸溜所は1839年に創業。1867年にマッケンジー兄弟がオーナーに就任、ホワイト＆マッカイ社の創始者に原酒の提供を開始した。現在もブレンデッド・スコッチの銘酒ホワイトマッカイ（P73）のキー・モルトとして知られる。シェリー樽を主体とした熟成が特徴で、スパイシーな香りの12年、芳醇なシェリー香がある15年、マディラやバーボンなど6種類の樽で熟成した原酒を用いた1263キングアレキサンダー3世など、個性的なラインナップが揃っている。

ダルモア 12年
アルコール度数40度
容量700ml
参考価格7350円

〔輸入元〕
㈱明治屋

おもなラインナップ

ダルモア グランレゼルヴァ
アルコール度数40度
容量700ml
参考価格8400円

ダルモア 15年
アルコール度数40度
容量700ml
参考価格10500円

ダルモア 1263 キングアレキサンダー3世
アルコール度数40度
容量700ml
参考価格21000円

英国（スコットランド）

BEN NEVIS

ベン ネヴィス

ウイスキー　スコッチ　シングルモルト　ハイランド

スコッチの伝統とニッカの技術が造り上げる香り高い「聖なる山」

ベン ネヴィス
シングルモルト 10年
アルコール度数43度
容量700ml
参考価格OPEN

〔輸入元〕
アサヒビール㈱

「ベン ネヴィス」はハイランド地方西部にそびえる標高1343mの英国最高峰で、聖なる山という意味。その山麓に、ジョン・マクドナルドが1825年に創業した、最も古い公認蒸溜所の一つ。1983年に操業を停止したが、1989年からニッカウヰスキーの所有となり再開。山の清冽な雪解け水と豊かな自然というウイスキー造りには最適な環境で、伝統的製法とニッカの技術を導入し、香り高くマイルドな味わいのスコッチを生み出している。

GLENGOYNE

グレンゴイン

スコッチ　シングルモルト　ハイランド　ウイスキー

ピートを使わず麦芽の風味豊か 玄人好みの南ハイランド・モルト

ハイランドとローランドの境界線に建つ蒸溜所として知られる。創業は1833年。ダムグイン丘の麓にあり、当初はグレン・グインという名称だったが、1876年からゲール語で「鍛冶の谷」を意味するグレンゴインに名称を変更した。いちばんの特徴は、麦芽を乾燥させる際にピートを焚きこまないこと。他のスコッチモルトとは違ってピート香がなく、麦芽本来の風味を純粋に楽しめる。オーク樽熟成の豊かな芳香と余韻の長さも持ち味だ。

グレンゴイン 10年
アルコール度数40度
容量700ml
参考価格OPEN

〔輸入元〕
アサヒビール㈱

おもなラインナップ

グレンゴイン 17年
アルコール度数43度
容量700ml
参考価格OPEN
グレンゴイン 21年
アルコール度数43度
容量700ml
参考価格OPEN

英国（スコットランド）

GLEN GARIOCH

グレン ギリー

ウイスキー　スコッチ　シングルモルト　ハイランド

ハイランド地方最古の歴史を誇る
花の香りのクリーミーなモルト

グレン ギリー 12年
アルコール度数43度
容量700ml
参考価格3000円(税別)

〔輸入元〕
サントリー

1785年から蒸溜が行われていたハイランド地方の名門、グレンギリー蒸溜所で製造。近隣はアバディーン地方有数の穀倉地帯で、蒸溜所名は東ハイランドの人たちがその大麦畑が広がる谷を呼ぶ名に由来する。麦芽の仕込み水には天然水を使用し、バーボンの空き樽とシェリーの空き樽2種類で熟成。12年は、スミレの花の香りとトーストのような香ばしさがあり、クリーミーで果物のようなコクがある。15年は、ラベンダーやヒースの香りがあり、木香とピート香の余韻が残る。

背の高いポットスチルが生み出す
繊細で複雑なハイランドの名品

ゲール語で「大いなる静寂の峡谷」を意味する。名前のとおり、静かで繊細な味わいの中に、奥に秘めた複雑さが加わりファンを魅了する。蒸溜所はハイランド北部ドーノック湾に面し、1843年設立。背が高いポットスチルを使ってピュアな蒸気を集め、オーク樽で熟成させている。後熟の樽を変え、ソーテルヌのワイン樽を使うネクター・ドール、オロロソのシェリー樽のラサンタなどラインナップが面白い。かつては「グレンモーレンジ」と表記していたが今は「ィ」が入る。

グレンモーレンジィ
オリジナル
アルコール度数40度
容量700ml
参考価格4800円（税別）

〔輸入元〕
MHD モエ ヘネシー
ディアジオ㈱

おもなラインナップ

グレンモーレンジィ
ネクター・ドール
アルコール度数46度
容量700ml
参考価格7000円（税別）

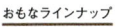

英国（スコットランド）

OBAN

オーバン

ウイスキー　スコッチ　シングルモルト　ハイランド

まろやかな中にピートの香り ハイランドとアイランズを融合

西ハイランドの港町オーバンに1794年創業。蒸溜所の立地としては珍しく、背後に山が迫る海岸リゾートの中心地にあるため拡張することができず、ポットスチルは再蒸溜器を合わせても2基しかない。しかも非常に小さいもののため生産量は多くないが、注目度は大きい。まろやかで芳醇なハイランドと、ピートのきいたアイランズの特徴をあわせ持ち、その絶妙なバランスが魅力になっている。

オーバン 14年
アルコール度数43度
容量700ml
参考価格7500円（税別）

〔輸入元〕
MHD モエ ヘネシー ディアジオ㈱

おもなラインナップ

オーバン ディスティラーズ・エディション
アルコール度数43度
容量700ml
参考価格9600円（税別）

オーバン 32年（スペシャル・リリース）
アルコール度数55.1度
容量700ml
参考価格49000円（税別）

Dalwhinnie

ダルウィニー

スコッチ　シングルモルト　ハイランド　ウイスキー

山の雪解け水と精気が育む スコットランド最高地の蒸溜所

ハイランドのちょうど真ん中辺り、グランピアン山脈の麓に位置し、最も標高の高い場所に建つスコッチ蒸溜所として知られる。気象観測所を備えているのも珍しい。毎朝9時の気象観測が蒸溜所マネージャーに課せられた仕事でもある。ウイスキーの特徴は、やわらかくすっきりとして、適度にピートを感じるバランスのよさ。山の雪解け水と、ヒースが咲く丘を吹き抜ける清々しい空気が、その味わいにさらに磨きをかける。

ダルウィニー 15年
アルコール度数43度
容量700ml
参考価格5900円（税別）

〔輸入元〕
MHD モエ ヘネシー ディアジオ㈱

おもなラインナップ

ダルウィニー ディスティラーズ・エディション
アルコール度数43度
容量700ml
参考価格8100円（税別）

※ディスティラーズ・エディションは、発売年でアルコール度数と参考価格が異なる。

英国（スコットランド）

CLYNELISH

クライヌリッシュ

ウイスキー　スコッチ　シングルモルト　ハイランド

ハイランドで最も海を感じさせる バランスのよいオールラウンダー

スコットランド北東部、北海沿岸の町ブローラにあり、ハイランド最北の蒸溜所の一つ。ゲール語で“金色の湿地”を意味する。1819年に創業したが、現在の蒸溜所は1967年に新たに建てられたものだ（旧蒸溜所はブローラと改名し、1983年に閉鎖）。やわらかく芳醇なハイランドの特質を持ちながら、潮の香を感じさせ、ハイランド・モルトの中で最も海岸の味わいを持つといわれている。スコッチのあらゆる要素を内包したような複雑さとも評され、しかもバランスよく飲み飽きないオールラウンダーとして人気が高い。

クライヌリッシュ 14年
アルコール度数46度
容量700ml
参考価格5600円（税別）

〔輸入元〕
MHD モエ ヘネシー
ディアジオ㈱

おもなラインナップ

クライヌリッシュ
ディスティラーズ・エディション
アルコール度数46度
容量700ml
参考価格9600円（税別）

英国（スコットランド）

TOMATIN

トマーティン

スコッチ　シングルモルト　ハイランド　ウイスキー

スコットランド有数の規模を誇る 清流と緑の丘に建つ広大な蒸溜所

ハイランド北部の都市インヴァネスから南へ約25km。蒸溜所があるトマーティン村は、ゲール語で「ネズの木の茂る丘」を意味する小さな村。特産のない地だったが、「オルタ・ナ・フリス（自由の小川）」と呼ばれる小川の清水と良質のピートがあり、気温、湿度などの条件にも恵まれていたことから、ウイスキー造りの理想郷となった。1897年の創業以来、まろやかでバランスがとれたウイスキーを造り続け、ハイランド地方最大級の蒸溜所として、スコッチ産業を牽引している。

トマーティン 12年
アルコール度数43度
容量750ml
参考価格6000円(税別)

〔輸入元〕
国分㈱

おもなラインナップ

トマーティン 15年
アルコール度数43度
容量750ml
参考価格9000円(税別)

トマーティン 18年
アルコール度数46度
容量750ml
参考価格12000円(税別)

英国（スコットランド）

GLENDRONACH

グレンドロナック

ウイスキー　スコッチ　シングルモルト　ハイランド

古い伝統を礎に新たに展開
甘く華やかなシェリー樽熟成

グレンドロナック 15年
アルコール度数46度
容量700ml
参考価格6700円

〔輸入元〕
㈱ウィスク・イー

1826年、東ハイランドのスペイサイド寄りの町ハントリー郊外に設立。グレンドロナックはゲール語で「黒いちごの谷」を意味する。1996年までフロアモルティング、2005年まで石炭の直火焚きなど伝統手法を頑なに守り続けたことで有名。ティーチャーズやバランタイン17年の原酒として知られていたが、2008年ベンリアック社に経営が変わり、シェリー樽100%のシングルモルトにシフト。濃厚なシェリー香のある限定品をリリースし、ファンの熱い注目を集めている。

おもなラインナップ

グレンドロナック 12年
アルコール度数43度
容量700ml
参考価格4700円

グレンドロナック 18年
アルコール度数46度
容量700ml
参考価格9100円

グレンドロナック グランデュワー 31年
アルコール度数45.8度
容量700ml
参考価格55200円

英国（スコットランド）

ROYAL LOCHNAGAR

ロイヤル ロッホナガー

スコッチ　シングルモルト　ハイランド　ウイスキー

老舗の小さな蒸溜所で誕生した ヴィクトリア女王のお気に入り

ロッホナガー蒸溜所は、東ハイランドの山間を流れるディー川沿いに1845年に創業。スコットランドの老舗蒸溜所としては3番目に小さく、今でも伝統的な麦芽糖化槽や蒸溜器などを使用している。近くに英王室の夏離宮バルモラル城があり、1848年にヴィクトリア女王がこの蒸溜所を訪れ、王室御用達の冠を授与したことで知られる。その後、エドワード7世、ジョージ5世と王室3代で御用達となった。飲み口はなめらかで麦芽風味の甘さがある。生産量が少なく希少性が高い。

ロイヤル ロッホナガー 12年
アルコール度数40度
容量700ml
参考価格OPEN

〔輸入元〕
キリンビール㈱

おもなラインナップ

ロイヤル ロッホナガー セレクテッドリザーブ
アルコール度数43度
容量700ml
参考価格OPEN

英国（スコットランド）

THE SINGLETON GLENORD

ザ シングルトン グレンオード

ウイスキー　スコッチ　シングルモルト　ハイランド

かつての銘酒の名前を冠した味わい豊かな老舗の新モルト

1838年創業の北ハイランドのグレンオード蒸溜所が、2007年に新発売したのがザ シングルトン グレンオード12年。シングルトンといえば、スペイサイドで1974年創業のオスロスク蒸溜所で造られ、高く評価されつつ消えた銘酒の名前だが、それとは異なる新たなシングルモルトである。グレンオードの伝統技術を結集し、地元産の大麦と天然の仕込み水を使って造られるこの酒は、華やかな琥珀色で、フルーティな香りとチョコレートのような甘さを備えている。

ザ シングルトン グレンオード 12年
アルコール度数40度
容量700ml
参考価格OPEN

〔輸入元〕
キリンビール㈱

おもなラインナップ

ザ シングルトン グレンオード 18年
アルコール度数40度
容量700ml
参考価格OPEN

スペイサイド
Speyside

スペイ川流域に集中する蒸溜所

ハイランド地方の東北部、スペイ川流域には、スコットランド全土の半数を占める約50の蒸溜所が林立する。涼しい気候と良質な水に恵まれ、ピートも豊富で、ウイスキー造りには最適な土地だ。かつては200を超える密造所があったといい、密造から出発した蒸溜所も現存する。1824年には政府公認蒸溜所第1号として、ザ・グレンリベット蒸溜所が創業。創業者のジョージ・スミスは密造者たちから裏切り者として命を狙われ、護身用に銃を携帯していたという逸話も残る。スコッチの歴史を現在に伝える貴重なエリアといえる。

華やかでバランスのよい味わい

有名銘柄を有する蒸溜所が多い。前述したグレンリベットのほか、「スコッチのロールス・ロイス」と呼ばれるザ・マッカラン、「世界一飲まれているシングルモルト」グレンフィディック、シーバス リーガルのメイン・モルトであるストラスアイラなど銘酒が揃う。全体的に、華やかでバランスの取れた味わいが特徴で、ブレンデッド・ウイスキーのキー・モルトも多い。

The MACALLAN

ザ・マッカラン

ウイスキー　スコッチ　シングルモルト　スペイサイド

自社製のシェリー樽で熟成された世界が認めるロールス・ロイス

ハロッズに「シングルモルトのロールス・ロイス」と讃えられた有名銘柄。1824年に政府登録を受けて発足した蒸溜所で、スペイサイド地区で最小の直火蒸溜器や自社製のシェリー樽を使用するなど独自のこだわりを持つ。トフィーのように甘い10年、ほのかにジンジャーやドライフルーツの香りがする12年、力強い余韻のある18年など名品が揃う。ファインオークは、バーボン樽熟成原酒など3つの異なる原酒をバッティングしたシリーズ。バランスがよく飲みやすい。

ザ・マッカラン 12年
アルコール度数40度
容量700ml
参考価格4400円(税別)

〔輸入元〕
サントリー

おもなラインナップ

ザ・マッカラン 10年／アルコール度数40度／参考価格4000円
ザ・マッカラン 18年／アルコール度数43度／参考価格14000円
ザ・マッカラン ファインオーク 12年／アルコール度数40度／参考価格4400円　**ザ・マッカラン ファインオーク 17年**／アルコール度数43度／参考価格10800円　いずれも価格は税別、容量700ml

英国（スコットランド）

THE BALVENIE

ザ・バルヴェニー

スコッチ　シングルモルト　スペイサイド　ウイスキー

蜂蜜の風味と甘い余韻が残る個性豊かなラインナップが魅力

グレンフィディック蒸溜所（P38）創業者のウィリアム・グラントが、1892年事業拡大のために同じ敷地内に創業したもので、姉妹蒸溜所として知られる。麦芽の一部に伝統的なフロアモルティングを採用。蒸溜器の形もユニークで、樽の種類が豊富。12年ダブルウッドは、バーボン樽の後、シェリー樽で熟成した深みのある香りが特徴。15年シングルバレルはバーボン樽のみ、21年ポートウッドはポートワイン樽仕上げと、多彩なラインナップを創り出している。

ザ・バルヴェニー 12年 ダブルウッド
アルコール度数40度
容量700ml
参考価格4200円（税別）

〔輸入元〕
サントリー

おもなラインナップ

ザ・バルヴェニー 15年 シングルバレル
アルコール度数47度
容量700ml
参考価格7800円（税別）

ザ・バルヴェニー 21年 ポートウッド
アルコール度数40度
容量700ml
参考価格26000円（税別）

英国（スコットランド）

Glenfiddich

グレンフィディック

ウイスキー　スコッチ　シングルモルト　スペイサイド

世界で最も愛飲されている
フルーティなシングルモルト

　グレンフィディックとはゲール語で「鹿の谷」の意味。ウイリアム・グラントが蒸溜所を創業、1887年のクリスマスに最初の一滴が蒸溜器から生まれた。蒸溜から瓶詰めまですべての工程を施設内で行う蒸溜所として知られ、世界一飲まれているシングルモルトとして有名。12年スペシャルリザーブは、新鮮な洋梨のような香りとフルーティな味わい。15年ソレラリザーブはシェリー樽、バーボン樽、新樽の3つで熟成され、複雑な香りと豊かな味わいを実現している。

グレンフィディック 12年
スペシャルリザーブ
アルコール度数40度
容量700ml
参考価格3100円（税別）

〔輸入元〕
サントリー

おもなラインナップ

グレンフィディック 15年
ソレラリザーブ
アルコール度数40度
容量700ml
参考価格4600円（税別）

グレンフィディック 18年
エンシェントリザーブ
アルコール度数40度
容量700ml
参考価格6000円（税別）

THE GLENLIVET

ザ・グレンリベット

スコッチ　シングルモルト　スペイサイド　ウイスキー

政府公認第1号のシングルモルト
創業以来変わらぬ伝統の味わい

1824年にジョージ・スミスが、グレンリベットと呼ばれる谷間の地に創業した、英国政府公認第1号の蒸溜所。同エリアでは他にもこの地名をつけたスコッチはあるが、「ザ」を冠することができるのは、ここのオフィシャルボトルのみ。変わらない伝統の製法と、厳選された大麦、マザーウォーター、そして熟練した職人たちの技術が生きるシングルモルトの原点だ。12年は、政府公認第1号から造り続けるスタンダードで、フルーティでフローラルな香りと味わいが特徴。

ザ・グレンリベット 12年
アルコール度数40度
容量700ml
参考価格4662円

〔輸入元〕
ペルノ・リカール・ジャパン㈱

おもなラインナップ

ザ・グレンリベット15年 フレンチオークリザーブ／アルコール度数40度／参考価格6825円　**ザ・グレンリベット18年**／アルコール度数43度／参考価格10500円　**ザ・グレンリベット ナデューラ**／アルコール度数55～60度／参考価格8400円　**ザ・グレンリベット アーカイブ21年**／アルコール度数43度／15750円　**ザ・グレンリベット25年**／アルコール度数43度／31500円　いずれも容量700ml

英国（スコットランド）

STRATHISLA

ストラスアイラ

ウイスキー　スコッチ　シングルモルト　スペイサイド

シーバス リーガルの核ともなる
スペイサイド最古の蒸溜所の逸品

ストラスアイラ
アルコール度数43度
容量700ml
参考価格OPEN

〔輸入元〕
ペルノ・リカール・ジャパン㈱

1786年創業のストラスアイラは、スペイサイドに現存する最古の蒸溜所。かつてはミルタウン蒸溜所と名乗っていたが、シーグラム社傘下に入ると同時に改名された。名前の意味は「アイラ川が流れる広い谷間」。シーバス リーガル（P67）のキー・モルトとして有名だ。シングルモルトとして出回る量は多くないが、スペイサイド特有の果実や花の香りを感じさせる華やぎと、樽熟成のナッツのような味わいが調和し、バランスのよい逸品として高い評価を得ている。

英国（スコットランド）

Glenfarclas

グレンファークラス

スコッチ　シングルモルト　スペイサイド　ウイスキー

直火焚きとシェリー樽にこだわり
150年続く家族経営の蒸溜所

1836年創業。1865年からずっと変わらずグラント家が所有し、今では数少なくなった家族経営の蒸溜所として知られる。名称は、「緑の草の生い茂る谷間」の意のゲール語に由来。スペイサイドを代表するベンリネス山の麓、雪解け水が湧く清々しい丘に位置する。昔ながらの直火焚き蒸溜と、シェリー樽熟成にこだわってシングルモルトのみを製造。すべてにグレンファークラスの名を冠している。幅広いラインナップがあり、いずれもしっかりした旨みの濃い味わいは変わらない。

グレンファークラス 10年
アルコール度数40度
容量700ml
参考価格5250円

〔輸入元〕
ミリオン商事㈱

おもなラインナップ

グレンファークラス12年／アルコール度数43度／参考価格6300円　**グレンファークラス15年**／アルコール度数46度／参考価格8925円　**グレンファークラス17年**／アルコール度数43度／参考価格10500円　**グレンファークラス 21年**／アルコール度数43度／参考価格12600円　いずれも容量700ml

英国（スコットランド）

CRAGGANMORE

クラガンモア

ウイスキー　スコッチ　シングルモルト　スペイサイド

特殊な形状のスチルが生み出す
やわらかで複雑なスペイサイド

クラガンモア 12年
アルコール度数40度
容量700ml
参考価格3830円（税別）

〔輸入元〕
MHD モエ ヘネシー
ディアジオ㈱

　数多くの蒸溜所が点在するスペイ川の中流域に位置する。名称は、ゲール語で「突き出た大岩がある丘」を意味し、近くの丘の名に由来。1869年の創業以来、現在も創設者ジョン・スミスが採用した特殊な形のポットスチルを使用し、独特な味わいを守っている。スピリッツスチル（再蒸溜器）のヘッドの部分が平らになっていることで、蒸気中の不純物が再凝縮され、これが繊細で複雑なモルトを生み出すという。スモーキーでありながらやわらかなバランスのよさも魅力。オールド パー（P72）のキー・モルトとしても知られている。

おもなラインナップ

クラガンモア
ディスティラーズ・エディション
アルコール度数40度
容量700ml
参考価格7700円（税別）

英国（スコットランド）

GLEN ELGIN

グレン エルギン

スコッチ　シングルモルト　スペイサイド　ウイスキー

スペイサイドの華やぎと調和「ホワイトホース」を支えてきた原酒

スペイサイドで1899年に建てられた蒸溜所。創生期の幾多の苦難の後、有名なブレンデッド・ウイスキー「ホワイトホース」の原酒となって、その品質を支え続けてきた歴史を持つ。1977年からシングルモルトとして発売。やわらかな口当たりと蜂蜜のような甘み、バランスのよさが、スペイサイド・モルトの特徴をよく表していて、専門家の間では「あまりにも長い間隠されていたすばらしいモルト」と評されている。

グレン エルギン 12年
アルコール度数43度
容量700ml
参考価格5000円（税別）

〔輸入元〕
MHD モエ ヘネシー ディアジオ㈱

ひとロメモ

グレン エルギンの旧ボトルには、ホワイトホースのトレードマークが大きく描かれていた。1970年代に発売されたオールドボトルは人気が高く値段も上がっている。

英国（スコットランド）

KNOCKANDO

ノッカンドゥ

ウイスキー　スコッチ　シングルモルト　スペイサイド

熟成の“旬”に送り出される スペイ川中流域の繊細な個性派

1898年創業の、スペイ川の中流域に位置する蒸溜所。名前はゲール語で「小さな黒い丘」を意味し、川に望む緑の丘に建つ。華やかな銘酒揃いのスペイサイドの中ではやや控えめで、味わいも繊細。ピート香や樽香、口当たりともごく軽く、強い個性を感じさせないところが、逆に個性的ともいわれる。瓶詰めのタイミングにこだわり、熟成の頂点に達したもののみを見極めて出荷する。通常オフィシャル・ボトルには熟成年数のみを記載するが、蒸溜年も記載している点にも注目したい。

ノッカンドゥ 12年
アルコール度数43度
容量700ml
参考価格5000円（税別）

〔輸入元〕
MHD モエ ヘネシー
ディアジオ㈱

おもなラインナップ

正規代理店の扱いはないが、以下のようなラインナップが並行輸入されている。

ノッカンドゥ スローマチュアード 18年
アルコール度数43度／容量700ml／参考価格OPEN

ノッカンドゥ マスターリザーヴ 21年
アルコール度数43度／容量700ml／参考価格OPEN

※定番ではないので、樽や年代で変更あり。

BenRIaCH

ベンリアック

シングルモルトの歴史は浅くとも熟成の樽にこだわって豊かな個性

スペイサイドのエルギンで1898年に創業。幾度か操業停止など危機を乗り越えてきた。当初はシーバス リーガルなどのブレンド用原酒のみを造っており、シングルモルトの発売は1994年と後発。2004年以降は、シングルモルトの製品化に力を入れ、ヘビーなピーティータイプや、ポート樽やマデイラ樽で熟成させたものなど個性的な製品をリリースしている。12年シェリーウッドは、全期間をシェリー樽で熟成させた贅沢な造り。華やかで力強く、専門家の評価は非常に高い。

ベンリアック 12年 シェリーウッド
アルコール度数46度
容量700ml
参考価格4800円

〔輸入元〕
㈱ウィスク・イー

おもなラインナップ

ベンリアック 12年
アルコール度数43度
容量700ml
参考価格4400円

ベンリアック 16年
アルコール度数43度
容量700ml
参考価格6200円

ベンリアック キュオリアシタス 10年
アルコール度数46度
容量700ml
参考価格4600円

ローランドと キャンベルタウン

Lowland & Campbeltown

3つの蒸溜所が残るローランド

スコットランドの南部がローランド。かつては数十の蒸溜所があったが衰退。イングランドに近いため密造ができず、高い酒税を支払うために大量生産した結果、質を落としたのが原因といわれる。現在はオーヘントッシャン、ブラッドノック、グレンキンチーの3つの蒸溜所が稼働。ハイランドに対抗するために、グレーン・ウイスキー造りに力を注ぐ。なかでもローランド伝統の3回蒸溜を守り継ぐオーヘントッシャン蒸溜所が有名。

かつて栄えたキャンベルタウン

キャンベルタウンは微妙な位置にある。ハイランド西のキンタイア半島の先端で、緯度的にはローランド、すぐ横はアラン島。かつては30以上もの蒸溜所があり、スコッチの中心地だった。ちなみに、ニッカウヰスキーを創業した竹鶴政孝が修業したのもここ。米国への輸出も活発だったが、大量生産による品質低下で評判を落とし、次々と廃業に追い込まれた。現在は、代表格のスプリングバンクのほか、グレンスコシアと、2004年に操業を再開したグレンガイルの3蒸溜所が稼働している。

AUCHENTOSHAN

オーヘントッシャン

スコッチ　シングルモルト　ローランド　ウイスキー

3回蒸溜の伝統製法を守る ローランド・モルトの名門

グラスゴーから約10kmの好立地にある蒸溜所は1823年の創業。これまでに5回オーナーが交代し、現在のオーナーは6代目。オーヘントッシャンの名は、ゲール語の「オーヒャドゥ・オッシン」（野原の片隅）から来ている。ローランドモルトの伝統製法である3回蒸溜を頑固に守り、アルコール度数が高くクリアな原酒を製造。12年は柑橘系やナッツの香りで後口はすっきり。スリーウッドはバタースコッチのように甘さが濃厚だ。

オーヘントッシャン 12年
アルコール度数40度
容量700ml
参考価格3600円（税別）

〔輸入元〕
サントリー

おもなラインナップ

オーヘントッシャン クラシック
アルコール度数40度
容量700ml
参考価格2900円（税別）

オーヘントッシャン スリーウッド
アルコール度数43度
容量700ml
参考価格7100円（税別）

英国（スコットランド）

GLENKINCHIE

グレンキンチー

ウイスキー　スコッチ　シングルモルト　ローランド

ローランドを代表する蒸溜所の
やわらかなエディンバラ・モルト

スコットランドの首都エディンバラから南東へ約24㎞。丘陵地に建つグレンキンチー蒸溜所は、1837年に設立された。多くのローランドの蒸溜所が閉鎖に追い込まれた不況の時代も、大麦の栽培に適した立地であることから乗り越えてきたという。エディンバラ・モルトと称されるウイスキーは軽やかで、干草や素朴な花の香りを持ち、甘くまろやかで繊細な味わい。食前食後を問わず、あらゆる場面で楽しめ、様々な料理とも相性がいい。

グレンキンチー 12年
アルコール度数43度
容量700ml
参考価格3830円(税別)

〔輸入元〕
MHD モエ ヘネシー
ディアジオ㈱

おもなラインナップ

グレンキンチー
ディスティラーズ・エディション
（ダブルマチュアード）
アルコール度数43度
容量700ml
参考価格7500円(税別)

グレンキンチー 20年
（スペシャル・リリース）
アルコール度数55.1度
容量700ml
参考価格19000円(税別)

SPRINGBANK
スプリングバンク

スコッチ　シングルモルト　キャンベルタウン　ウイスキー

キャンベルタウンを代表する伝統の3つのシングルモルト

1900年初頭には30以上の蒸溜所があったキャンベルタウンだが、現在は3カ所のみが伝統と誇りを守る。その一つ、スプリングバンク蒸溜所では、キャンベルタウン・モルトの特徴である塩辛さを生かした3タイプのシングルモルトを製造。ほどよくピートを焚き、2回半蒸溜した香り高い代表銘柄のほか、ヘビーピートで2回蒸溜のスモーキーなロングロウ、ノンピートで3回蒸溜のクリーミーなヘーゼルバーンがある。全工程を敷地内で行うなど、商品造りへのこだわりは深い。

スプリングバンク 10年
アルコール度数46度
容量700ml
参考価格4800円

〔輸入元〕
㈱ウィスク・イー

おもなラインナップ

スプリングバンク 18年
アルコール度数46度
容量700m
参考価格14400円

ロングロウCV
アルコール度数46度
容量700ml
参考価格4800円

アイランズ
Islands

5つの島で生まれる個性的なモルト

ハイランド地方の北西に位置するオークニー諸島、スカイ島、マル島、ジュラ島、アラン島をまとめてアイランズと呼ぶ。それぞれの島に1～2カ所の蒸溜所があり、厳しい気候風土の中で個性的なモルトを造っている。

オークニー諸島……【ハイランド パーク】伝統のフロアモルティングを行う世界最北端の蒸溜所。【スキャパ】上部が円筒形のローモンドスチルを使用している点がユニーク。

スカイ島……【タリスカー】7つの政府公認蒸溜所があった中で唯一生き残った。『宝島』の作者スティーブンソンが愛飲して有名に。

マル島……【トバモリー】10年以上休止の後、1993年に操業再開。アイランズらしい独特のピート香があるモルト。

ジュラ島……【ジュラ】良質な水と豊富なピートがあり、ウイスキー製造には最適な地。蒸溜所の創業は1810年だが、1502年にウイスキー造りが行われていた記録がある。

アラン島……【アラン】最盛期にあった50の蒸溜所はすべて衰退。1995年に新設され、160年ぶりの蒸溜所として注目を集めている。

最高のコニャックにも匹敵と絶賛されるオークニーの宝

オークニー諸島のメインランド島の最北、伝説の密造者マグナス・ユウンソンの蒸溜所跡地に1798年設立。1883年にデンマーク王やロシア皇帝が出席した豪華船上パーティで「北の巨人」と絶賛され、名声を確立した。この味わいは、伝統的な麦芽作りの手法フロアモルティングと、島のピートがもたらすもの。地中で8000〜1万6000年もの長い歳月を経たピートの独特なスモーキー香と、充分な熟成が生む甘さが身上。最高級のコニャックに匹敵するともいわれている。

ハイランド パーク 12年
アルコール度数43度
容量750ml
参考価格OPEN

〔輸入元〕
アサヒビール㈱

おもなラインナップ

ハイランド パーク 18年
アルコール度数43度
容量750ml
参考価格OPEN
ハイランド パーク 25年
アルコール度数48.1度
容量750ml
参考価格OPEN
ハイランド パーク 30年
アルコール度数48.1度
容量750ml
参考価格OPEN

英国（スコットランド）

The Arran

アラン

ウイスキー　スコッチ　シングルモルト　アイランズ

アランの豊かな自然に魅せられて 21世紀目前に誕生した島モルト

1995年、スコットランドで最も美しいといわれるアラン島の、水が豊富な土地ロックランザに創業。伝統製法を新たに受け継ぐ貴重な存在として注目されている。ノンピートの大麦麦芽を原料に、小さな2基の蒸溜器を用いて丁寧に造られるシングルモルトは、麦芽本来の自然な甘さと香ばしさに潮風のスパイスがきいたアイランズ・モルトならではの味わい。IWSCなど数々の賞を受賞している。2004年からは少量だがピーテッドタイプの蒸溜を開始し、限定商品マクリー ムーアも生産。

アラン モルト 10年
アルコール度数46度
容量700ml
参考価格4100円

〔輸入元〕
㈱ウィスク・イー

おもなラインナップ

アラン モルト 14年
アルコール度数46度
容量700ml
参考価格5600円

マクリー ムーア
アルコール度数46度
容量700ml
参考価格5200円

JURA

ジュラ

スコッチ　シングルモルト　アイランズ　ウイスキー

贅沢な樽使いで複雑さを加味
やさしいモルトを生み出す“鹿の島”

スコットランド西岸、アイラ島と海峡で接するジュラ島は、人間より野生鹿の方がはるかに多い素朴な“鹿の島”。澄んだ空気と良質な水、豊富なピートに恵まれ、古来よりウイスキー造りが行われてきた。ジュラ蒸溜所は1810年の創業。ノンピートとヘビーピートの２種類の麦芽からシングルモルトを蒸溜し、熟成にはファーストフィルのバーボン樽と長期熟成シェリーの樽を使用。ジュラ・モルト本来のすっきりした味わいに複雑な香りを加えつつ、穏やかな口当たりに仕上げている。

ジュラ 10年
アルコール度数40度
容量700ml
参考価格3600円

〔輸入元〕
㈱ウィスク・イー

おもなラインナップ

ジュラ 16年
アルコール度数40度
容量700ml
参考価格5400円

ジュラ プロフェシー
アルコール度数46度
容量700ml
参考価格7200円

英国（スコットランド）

SCAPA

スキャパ

ウイスキー　スコッチ　シングルモルト　アイランズ

潮風にヒースが揺れる島が育てた
オークニーの個性派モルト

スキャパ 16年
アルコール度数40度
容量700ml
参考価格6400円（税別）

〔輸入元〕
サントリー

　オークニー諸島メインランドのスキャパ湾を望む蒸溜所。開設は1885年。建物は第一次世界大戦時に、英国海軍将校の兵舎として使用された歴史を持ち、海軍遺構としても貴重という。製法には、ノンピートの大麦麦芽の使用やローモンド・スチルによる蒸溜など独自の特徴があり、原酒の一部はバランタイン（P66）の原酒にも使われる。16年は、甘い香りでバランスの取れた味わい。ほのかに潮の風味もあり、ノース語で「貝床」の意味とされるスキャパの名にふさわしい。

TALISKER

タリスカー

スコッチ　シングルモルト　アイランズ　ウイスキー

厳しい海洋気候に研ぎ澄まされた スカイ島唯一の力強いモルト

アイランズ・モルトを産する島々の中で最も大きなスカイ島。自然環境は厳しく、「霧の島」とも呼ばれ、荒れがちな海洋性気候にさらされた不毛な荒地が広がる。そんなスカイ島唯一の蒸溜所がタリスカーだ。島の西岸に1830年に創業。潮の香と塩気を強く感じさせるモルトを生み出している。金色に輝く濃い色、舌の上で爆発と喩えられる刺激、喉を熱くした後に深く残るスモーキーな余韻と、その力強い個性がファンを虜にする。ちなみにタリスカーとは、ゲール語で「傾いた大岩」の意味。

タリスカー 10年
アルコール度数45.8度
容量700ml
参考価格4600円（税別）

〔輸入元〕
MHD モエ ヘネシー
ディアジオ㈱

おもなラインナップ

タリスカー 18年／アルコール度数45.8度／参考価格11000円 **タリスカー 25年4thカスクストレングス（スペシャル・リリース）**／アルコール度数57.8度／参考価格21500円 **タリスカー ディスティラーズ・エディション**／アルコール度数45.8度／参考価格8100円　いずれも価格は税別、容量700ml

アイラ
Islay

潮の香りとピート香がアイラの個性

スコットランド西岸沖、ヘブリディーズ諸島の最南端にある島。ほとんどの蒸溜所が海辺に建ち、熟成する際に潮や海藻などの香りが加わるのでヨード香がある。また、ピートが豊富に採れることから使用量が多く、ピート香が強烈でスモーキーなモルトが造られている。近年のピートがきいたモルトのブームにのって、世界中で脚光を浴びている。シングルモルトとしての人気に加え、ブレンデッド・ウイスキーに欠かせないアクセントとしてのアイラ・モルトの存在も大きい。

南部は強烈、北部は穏やかな味わい

島には全部で8カ所の蒸溜所がある。南部にあるカリラ、アードベッグ、ラガヴーリン、ラフロイグは、ピート香が強烈で通好みの味わい。北部のブナハーブンとブルイックラディは、比較的ピートが軽く飲みやすい。ボウモアは、アイラ島最古の蒸溜所。南部と北部の中間的な味わいで初心者にも受け入れやすい。西部のキルホーマンは唯一、海辺から1㎞ほど内陸にあり、ピート香が強い個性的なタイプ。2005年に新設され、今後が注目される。ちなみに、それまで一番新しいアイラは1881年創業のブルイックラディだった。

ARdbeg

アードベッグ

スコッチ　シングルモルト　アイラ　ウイスキー

淡い色にピート香が際立つ世界を魅了する強烈な個性

ゲール語で「小さな岬」を意味する名のとおり、アイラ島の南東岸の、静かな海辺に建つ。1815年創業の小さな蒸溜所で、1981年に閉鎖されたが、熱烈なファンの声もあって復活、一時は小規模生産だったが1998年から本格稼働している。ピートがきいたアイラの中でも最もスモーキーで、香り味とも刺激的。深みや複雑味を含むのも特徴だ。バーボン樽熟成の定番10年のほか、シェリー樽熟成で甘めのウーガダールやピートの軽いブラスダなども登場。

アードベッグ 10年
アルコール度数46度
容量700ml
参考価格5600円（税別）

〔輸入元〕
MHD モエ ヘネシー
ディアジオ㈱

おもなラインナップ

アードベッグ ウーガダール
アルコール度数54.2度
容量700ml
参考価格8200円（税別）

英国（スコットランド）

BOWMORE

ボウモア

ウイスキー　スコッチ　シングルモルト　アイラ

アイラ島最古の伝統が生み出した ベストバランスを持つ“最後の酒”

ボウモアとはゲール語で「大きな岩盤」の意味。1779年に地元の商人デビッド・シンプソンが創業したアイラ島最古の蒸溜所である。フロアモルティングや木製の発酵槽などの伝統的な製法を守り、樽詰めされた原酒は海抜ゼロメートルの潮風にさらされた貯蔵庫で熟成される。ウイスキー通からは「最後に行き着く酒」と呼ばれるが、強烈な個性を持つアイラ・モルトの中ではピート香も適度で比較的飲みやすく、アイラの初心者におすすめだ。

ボウモア 12年
アルコール度数40度
容量700ml
参考価格3700円(税別)

〔輸入元〕
サントリー

おもなラインナップ

ボウモア 15年 ダーケスト
アルコール度数43度
容量700ml
参考価格6700円(税別)

ボウモア 18年
アルコール度数43度
容量700ml
参考価格8000円(税別)

英国（スコットランド）

Bunnahabhain

ブナハーブン

スコッチ　シングルモルト　アイラ　ウイスキー

甘い香りで初心者にもおすすめ
最も軽やかなアイラ・モルト

最もアイラらしくないアイラとして知られる。ブナハーブンとは「河口」という意味。創業は1881年で、蒸溜所はジュラ島との間のアイラ海峡に面して建つ。ピート層を通らない仕込み水と、ピートをほとんど焚き込まない製法で、ピート香やスモーキーさがあまり感じられないのが特徴。花のような甘い香りと軽く爽やかな風味があり、アメリカでも人気が高い。カティサーク（P68）やザ・フェイマス・グラウス（P70）などの原酒としても使用されている。

ブナハーブン 12年
アルコール度数46.3度
容量700ml
参考価格OPEN
〔輸入元〕
アサヒビール㈱

英国（スコットランド）

BRUICHLADDICH

ブルイックラディ

ウイスキー　スコッチ　シングルモルト　アイラ

昔のままの設備と手法で復活
海辺で手造りされる洗練のアイラ

ブルイックラディ 15年 2ndエディション
アルコール度数46度
容量700ml
参考価格 8000円（税別）

〔輸入元〕
国分㈱

ブルイックラディとはゲール語で「海辺の丘の斜面」の意味。名のとおり蒸溜所はアイラ島インダール湾に面して建つ。創業は1881年。1994年に一時閉鎖されたが、2001年、新オーナーによって操業再開。設立当時の設備をそのまま使い、あえて昔の手法にこだわったウイスキー造りを行っている。細く長いネックのポットスチルから生まれるモルトは、繊細でエレガント。アイラにしてはクセが少なく軽やかとされてきたが、近年は様々なタイプを生み出している。

おもなラインナップ

ブルイックラディ ロックス
アルコール度数46度
容量700ml
参考価格6000円（税別）

ブルイックラディ ピート
アルコール度数46度
容量700ml
参考価格6000円（税別）

英国（スコットランド）

CAOL ILA

カリラ

スコッチ　シングルモルト　アイラ　ウイスキー

アイラ海峡の潮風を受けて複雑でスモーキーな通好み

カリラとは、ゲール語で「アイラ海峡」の意味。蒸溜所は海峡に面した美しい海岸に1846年に建てられた。1974年に近代的に建て替えられたが、独自の味わいを保つため昔の建物とスチルを忠実に再現。仕込み水には創業以来のナムバン湖の水を用い、冷却水に海水を使用している。12年は、ピートがきいてスモーキーな中にも、海の香りやフルーティさを感じさせる複雑さが魅力。ピートもアルコール度数も強烈なカスクストレングスなど、アイラの中でも通好みのブランドだ。

カリラ 12年
アルコール度数43度
容量700ml
参考価格5000円（税別）

〔輸入元〕
MHD モエ ヘネシー
ディアジオ(株)

おもなラインナップ

カリラ カスクストレングス
アルコール度数61.6度
容量700ml
参考価格7800円（税別）

カリラ
ディスティラーズ・エディション
アルコール度数43度
容量700ml
参考価格8100円（税別）

LAGAVULIN

ラガヴーリン

ウイスキー　スコッチ　シングルモルト　アイラ

アイラ島の名を一躍有名にした ピートが香る“モルトの巨人”

1816年、アイラ島南岸に設立された。ラガヴーリンは村の名で、ゲール語で「水車小屋のある窪地」という意味。村には今も、名前の由来となった水車小屋の碾《ひ》き臼の石が残っている。ラガヴーリンは、アイラの中でもピート香が強くてスモーキー。16年は、アイラ島の名を世界中に知らしめた逸品で、ピート、海藻、ウッド、フルーツの複雑な香味と、長く続く上品な後味がすばらしい。

ラガヴーリン 16年
アルコール度数43度
容量700ml
参考価格7500円（税別）

〔輸入元〕
MHD モエ ヘネシー ディアジオ㈱

おもなラインナップ

ラガヴーリン 12年（スペシャル・リリース）
アルコール度数57.7度
容量700ml
参考価格10100円（税別）

英国（スコットランド）

LAPHROAIG

ラフロイグ

スコッチ　シングルモルト　アイラ　ウイスキー

磯の香りとピート香が強烈な世界にファンを持つアイラの“王者”

アイラ島南部に建つ「広い湾の美しい窪地」という意味を持つ蒸溜所。1815年にドナルド・ジョンストンが創業。当時は密造全盛時代だったが、1826年に政府登録。チャールズ皇太子はじめ世界中にファンを持つアイラ・モルトの“王者”として知られる。製造工程は伝統を守り、フロアモルティングを今も続けている。ピート香や独特の磯の香りが強烈で、後味には海藻を思わせる個性的な風味が残る。

ラフロイグ 10年
アルコール度数43度
容量750ml
参考価格4300円(税別)

〔輸入元〕
サントリー

おもなラインナップ

ラフロイグ 18年
アルコール度数48度
容量700ml
参考価格11000円(税別)

ラフロイグ 10年 カスクストレングス
アルコール度数58度
容量700ml
参考価格7700円(税別)

ラフロイグ クォーターカスク
アルコール度数48度
容量700ml
参考価格3800円(税別)

column コラム 1

——新たに広がるアイラの世界——

124年ぶりに新設された蒸溜所
KILCHOMAN
キルホーマン

2005年、アイラ島に124年ぶりに新設されたキルホーマンは、アイラで“最も西にある蒸溜所”にして“最も海から遠い蒸溜所”とされる。自社畑を持つファーム・ディスティラリーで、モルトの一部を自家生産している。シングルモルトの初リリースは2009年。年間生産量9万ℓと極小ながら、ピートがきいたアイラらしい味わいで、今最も注目されている。

キルホーマン3年Winter2010
アルコール度数46度・容量700ml
参考価格8000円
〔輸入元〕
ウィスク・イー(株)

新誕生のアイラ・ドライ・ジン
BRUICHLADDICH THE BOTANIST
ブルイックラディ ボタニスト

2011年春、発売開始。アイラ・モルトで有名な蒸溜所で生まれたドライ・ジンで、手がけたのは、ジム・マッキューワン氏。かつてボウモア蒸溜所で名を馳せ、その後ブルイックラディ蒸溜所を再建させた名ディスティラーだ。名称の「ボタニスト」は植物学者の意。アイラ島に自生する薬草を22種類以上使い、複雑な香りの豊かなジンに仕上げている。独特な形状の蒸溜器ローモンドスチルの使用も話題。(→ブルイックラディ、P60)

ブルイックラディ ボタニスト
アルコール度数46度・容量700ml
参考価格4000円(税別)
〔輸入元〕
国分(株)

ブレンデッド
Blended

ブレンデッド・ウイスキーとは

モルト・ウイスキーとグレーン・ウイスキーを混ぜて造るのがブレンデッド・ウイスキー。風味が豊かで「ラウドスピリッツ（主張する酒）」と呼ばれるモルトと、主張が少なく「サイレントスピリッツ（沈黙する酒）」と呼ばれるグレーンを混ぜることで、バランスが取れた味わいとなる。

モルトとグレーンの絶妙なバランス

大手のメーカーにはブレンダーと呼ばれる専門家がおり、味の基礎となるモルト原酒（キー・モルト）を中心に数十種類のモルトと数種類のグレーンをブレンドする。ブレンドの比率はモルト65%、グレーン35%が大体の目安とされている。

ブレンドされたウイスキーは、樽に詰められて熟成を重ねる。これを「マリッジ」と呼ぶ。すなわち結婚。互いがよく結びつき、いっそう豊かなものとなるというわけだ。

有名銘柄の多くがブレンデッド

近年はシングルモルトがブームだが、消費量のうち圧倒的多数を占めているのはブレンデッドだ。現在、世界で愛飲されている有名銘柄は、ほとんどがブレンデッド。シーバス リーガル（原酒はストラスアイラなど）、ジョニー ウォーカー（原酒はタリスカーなど）、バランタイン（原酒はザ・グレンリベット、ラフロイグなど）などおなじみの名前が並ぶ。

英国（スコットランド）

Ballantine's

バランタイン

ウイスキー　スコッチ　ブレンデッド

ヴィクトリア女王も認めた ブレンデッド・ウイスキーの代表格

バランタイン 12年
アルコール度数40度
容量700ml
参考価格3500円(税別)

〔輸入元〕
サントリー

1827年エディンバラで食料品店を開業したジョージ・バランタインが、1853年にブレンディングに目覚め、優れたブレンダーとなったのが始まり。1895年にはヴィクトリア女王より王室御用達の名誉が授けられる。1938年にはダンバートン蒸溜所を開設。スキャパ（P54）やラフロイグ（P63）など数々のモルト原酒を秘伝の技術でブレンドした味は、上品で洗練されており、香りは華やか。ブレンデッド・ウイスキーの代表格として愛されている。

おもなラインナップ

バランタイン ブルー 12年／アルコール度数40度／参考価格2800円　**バランタイン 17年**／アルコール度数43度／参考価格9000円　**バランタイン 21年**／アルコール度数43度／参考価格18000円　**バランタイン ファイネスト 40度**／アルコール度数40度／参考価格1390円　いずれも価格は税別、容量700ml

英国（スコットランド）

CHIVAS REGAL

シーバス リーガル

スコッチ　ブレンデッド　ウイスキー

世界200カ国以上で飲まれている スコッチを象徴する上質ブランド

1801年アバディーンに創業し、1953年以来、スコッチ・ウイスキーを象徴するブランドとして躍進を続け、世界200以上の国と地域で販売されているトップブランド。いずれの製品も、代々受け継がれてきた芸術的なブレンディング技術により、芳醇でまろやか、華やかでバランスのとれた味と香りに仕上がっている。スコッチのプリンスと称される12年、複雑で芳醇な味わいの18年、数量限定の最高級スコッチ25年と、魅力あふれる品揃えだ。

シーバス リーガル 12年
アルコール度数40度
容量700ml
参考価格OPEN

〔輸入元〕
ペルノ・リカール・ジャパン㈱

おもなラインナップ

シーバス リーガル 18年
アルコール度数40度
容量700ml
参考価格OPEN

シーバス リーガル 25年
アルコール度数40度
容量700ml
参考価格OPEN

カティサーク

ウイスキー　スコッチ　ブレンデッド

歴史的快速船にあやかって命名
米国で広まったライトなスコッチ

1923年にロンドンで誕生。米国市場に新しいウイスキーを送り込もうと考案され、それまでとは異なる過度のカラメル着色をしないライトタイプのスコッチとして、まだ禁酒法下にあった米国に持ち込まれて広まった。原点ともいえるECは、淡く自然な色合いとまろやかさ、飲みやすさが特徴。一方で、長期熟成の高級モルトのみをブレンドしたタイプは、深いコクで高評価を得ている。ちなみに名前の由来は、かつて世界最速の帆船として人気を博した「カティサーク号」から。

カティサーク EC
アルコール度数40度
容量700ml
参考価格1661円

〔輸入元〕
バカルディ ジャパン㈱

おもなラインナップ

カティサーク 12年 デラックス／アルコール度数40度／参考価格OPEN　**カティサーク 18年 デラックス**／アルコール度数43度／参考価格9183円　**カティサーク 25年**／アルコール度数45.7度／23993円　**カティサーク モルト**／アルコール度数40度／参考価格OPEN　いずれも容量700ml

1891年アメリカで大ブレイク
バランスに優れたビッグブランド

1891年、鉄鋼王アンドリュー・カーネギーが、当時のアメリカ大統領ベンジャミン・ハリソンに樽入りのデュワーズを贈ったことが話題となり、全米中で大ブレイクした。それ以来、アメリカでスコッチといえばこのブランドといわれるほどに親しまれてきた。40種類以上のモルトとグレーンをブレンドし、キー・モルトにはハイランド産の軽やかなアバフェルディを使用。卓越したブレンド技術により、色、香り、味わいいずれも非常によくバランスがとれている。

デュワーズ
ホワイト ラベル
アルコール度数40度
容量700ml
参考価格1574円

〔輸入元〕
バカルディ ジャパン㈱

おもなラインナップ

デュワーズ 12年
アルコール度数40度
容量700ml
参考価格OPEN
デュワーズ 18年
アルコール度数40度
容量700ml
参考価格OPEN
デュワーズ シグネチャー
アルコール度数43度
容量700ml
参考価格OPEN

英国（スコットランド）

THE FAMOUS GROUSE

ザ・フェイマス・グラウス

ウイスキー　スコッチ　ブレンデッド

伝統を守り続けた自信のシンボル
スコットランドで愛される雷鳥

ザ・フェイマス・グラウス ファイネスト
アルコール度数40度
容量700ml
参考価格OPEN

〔輸入元〕
アサヒビール(株)

グラウスは雷鳥のこと。その名もマシュー・グラウスが、1896年「グラウス・ブランド」というウイスキーを製造したのが始まりで、娘のフィリッパが描いた赤い雷鳥をラベルに採用。スコットランドの国鳥である雷鳥は、伝統を守り続けてきた自信と誇りの表れでもある。約100年前の製造開始以来、受け継がれてきたダブルマリッジ製法（原酒をブレンドしてさらに約1年間樽熟成させる製法）を守り、フルーティでまろやかな味わいを生み出している。

英国（スコットランド）

JOHNNIE WALKER

ジョニー ウォーカー

スコッチ　ブレンデッド　ウイスキー

「Keep Walking」を合言葉に世界No.1の座を獲得した名品

1819年、14歳のジョン・ウォーカーがキルマーノックで食料品店を開いたのが始まり。2代目のアレキサンダーがブレンデッド・ウイスキーを開発し、海外で高評価を得て、事業は飛躍的に成長した。1909年発売のブラックラベルは、創業以来の伝統を引き継ぎ、モルトやグレーンを40種類ブレンドした豊かな味わい。力強さとスムーズさのバランスがよいレッドラベルは何で割っても楽しめる。一方で、究極のブレンドとされるブルーラベルや、モルトのみブレンドのグリーンラベルは個性派に好評。

ジョニー ウォーカー
ブラックラベル 12年
アルコール度数40度
容量700ml
参考価格OPEN

〔輸入元〕
キリンビール㈱

おもなラインナップ

ジョニー ウォーカー レッドラベル
アルコール度数40度
容量700ml
参考価格OPEN
＊ブルーラベル、グリーンラベルは、MHD モエ ヘネシー ディアジオ㈱から発売されている。

Ord Parr

オールド パー

ウイスキー　スコッチ　ブレンデッド

明治6年、岩倉具視が持ち帰り日本に紹介された初めてスコッチ

オールド パー 12年
アルコール度数40度
容量750ml
参考価格5000円(税別)

〔輸入元〕
MHD モエ ヘネシー ディアジオ㈱

　オールド パーという名前は、152歳の長寿を全うしたとされる人物トーマス・パーに由来。円熟と知性の象徴として名付けられた。明治6年に、欧米を視察した岩倉具視が西洋文化を象徴するものとして持ち帰ったとされ、これは日本がスコッチに出合った歴史的な瞬間だったといわれている。やわらかく、甘いフルーツを連想させる香りと、水割りとも相性抜群なまろやかな味わいが特徴。角が取れた形状によってボトルの角で斜めに立つという点もユニークだ。

おもなラインナップ

オールド パー クラシック18年
アルコール度数46度
容量750ml
参考価格11000円(税別)

オールド パー スーペリア
アルコール度数43度
容量750ml
参考価格15000円(税別)

英国（スコットランド）

WHYTE & MACKAY

ホワイトマッカイ

スコッチ　ブレンデッド　ウイスキー

マスターブレンダーが挑戦した由緒あるブランドの新しい味

1844年創業。「ホワイトマッカイ」の名称は、創始者二人の姓を合わせたもの。100年以上もの長きにわたり世界で愛されてきたブランドだが、2007年、マスター・ブレンダーのリチャード・パターソンにより、新しいブレンドを完成。なめらかで芳醇な味わいを生み出すためのダブルマリッジ製法はそのままに、さらにやわらかでスムーズな口当たりを実現している。伝統的な年号にこだわらない13年、19年、22年というラインナップも斬新だ。

ホワイトマッカイ スペシャル
アルコール度数40度
容量700ml
参考価格2268円

〔輸入元〕
㈱明治屋

おもなラインナップ

ホワイトマッカイ 13年
アルコール度数40度
容量700ml
参考価格4830円

ホワイトマッカイ 19年
アルコール度数40度
容量700ml
参考価格11550円

ホワイトマッカイ 22年
アルコール度数43度
容量700ml
参考価格23100円

アイリッシュ
Irish

発祥の地としての誇りをかけ復活へ

英国領北アイルランドとアイルランド共和国を含めたアイルランド島全土で造るウイスキーの総称がアイリッシュだ。12世紀中頃を起源とする、ウイスキー発祥の地として知られる。かつては米国への輸出が活発だったが、禁酒法時代以後はスコッチとの競争に破れ、多くの蒸溜所が消えていった。アイルランド共和国では、生き残ったコーク、ジェムソン、パワーズの3社が集約する形で1975年に新ミドルトン蒸溜所を建設。北アイルランドのブッシュミルズと2カ所のみの時代が続いた。その後1987年にクーリーが新設され1992年から製品を発売。3つの蒸溜所によるアイリッシュ復活への動きが高まってきている。

単式3回蒸溜でまろやかな味わいに

アイリッシュ・ウイスキーは、おもに次の4種類に分類できる。①ポットスチル・ウイスキー（大麦麦芽に未発芽の大麦やオート麦などを組み合わせたもの）、②シングルモルト・ウイスキー（大麦麦芽のみを原料としたもの）、③グレーン・ウイスキー（トウモロコシを原料としたもの）、④ブレンデッド・ウイスキー（モルト原酒とグレーン原酒を混合したもの）。スコッチと大きく異なる点は、ピートを使わないことと、単式蒸溜器で3回蒸溜すること。雑味が少なくマイルドな口当たりで風味も甘いという特徴を持つ。ただし、近年はこの限りではなく、様々なタイプが生まれている。

英国（北アイルランド）

BUSHMILLS

ブッシュミルズ

アイリッシュ　ウイスキー

由緒ある蒸溜所で生まれた アイリッシュの真髄を究めた味

北アイルランドのアントリム郡は、1608年に当時の領主が、イングランド王ジェームズ一世から蒸溜免許を受けた世界最古のウイスキー蒸溜の地。その栄誉ある地で、海岸沿いにある町の名を冠し1784年に公式に会社として登記されたのがブッシュミルズ蒸溜所だ。アイルランドの現役蒸溜所の中では最も古い歴史を誇り、伝統的な3回蒸溜で、ピートで燻蒸しない大麦麦芽で造られるモルト・ウイスキーを使用。スモーキーさのない、まろやかでフルーティな味わいを生み出している。

ブッシュミルズ
アルコール度数40度
容量700ml
参考価格OPEN

〔輸入元〕
キリンビール㈱

おもなラインナップ

ブッシュミルズ モルト 10年
アルコール度数40度
容量700ml
参考価格OPEN

ブッシュミルズ モルト 16年
アルコール度数40度
容量700ml
参考価格OPEN

ブッツシュミルズ ブラック ブッシュ
アルコール度数40度
容量700ml
参考価格OPEN

アイルランド

JAMESON

ジェムソン

ウイスキー　アイリッシュ

3回蒸溜でスムーズな味わい 世界的人気を誇る軽快アイリッシュ

世界的に知られるアイリッシュ・ウイスキーのトップ・ブランド。1780年、ダブリンで創業したジェムソン社は、かつて単式蒸溜器による重厚なウイスキーを造っていたが、1974年、軽快なグレーン・ブレンデッド・ウイスキーを造り出し、人気が高まった。現在はアイルランド南部のミドルトン蒸溜所（P78）で密閉炉でじっくり時間をかけて乾燥させた大麦を原料に、ピートを使わず3回蒸溜で製造。豊かな芳香とスムーズな口当たりが特徴で、穏やかな甘みも心地よい。

ジェムソン スタンダード
アルコール度数40度
容量700ml
参考価格2100円

〔輸入元〕
ペルノ・リカール・ジャパン㈱

おもなラインナップ

ジェムソン 12年 スペシャル・リザーブ
アルコール度数40度
容量700ml
参考価格3255円

ジェムソン 18年
アルコール度数40度
容量700ml
参考価格9450円

Tullamore Dew
タラモア デュー
アイリッシュ　ウイスキー

大麦の風味もまろやかな
アイリッシュ第2のブランド

1829年にマイケル・モロイが創業。タラモアとはアイルランド中部の街の名称。ダニエル・E・ウイリアムスが経営者だったとき、自分の名前の頭文字DEW（露《つゆ》）を加えた。現在はミドルトン蒸溜所で製造されている。大麦の風味の中にかすかにレモンの香りを感じさせ、繊細でなめらかな味わい。アイリッシュ・コーヒーに使われた最初のウイスキーでもある。12年はシェリー樽とバーボン樽で熟成。

タラモア デュー
アルコール度数40度
容量700ml
参考価格1750円（税別）

〔輸入元〕
サントリー

おもなラインナップ

タラモア デュー 12年
アルコール度数40度
容量700ml
参考価格3400円（税別）

アイルランド

MIDLETON

ミドルトン

ウイスキー　アイリッシュ

世界最大の蒸溜器から造られる製造ナンバー入りの限定品

アイルランド南部のコークから約13マイルの地点に、マーフィー兄弟が1825年に創業。1966年にジェムソンとパワーズを合併し、1975年に世界最大の蒸溜器を持つ新蒸溜所が完成した。現在では、アイルランドの伝統的なポットスチル・ウイスキーを造る唯一の蒸溜所としても知られる。ベリーレアは、12～20数年ものの原酒を厳選したブレンデッド。口当たりが優しく、バランスが絶妙。マスター・ディスティラーの署名と製造ナンバーを刻印した限定品である。

ミドルトン ベリーレア
アルコール度数40度
容量700ml
参考価格28000円(税別)

〔輸入元〕
サントリー

ひと口コラム

ミドルトン蒸溜所では、ほかに日本でも有名なジェムソン(P76)やタラモア デュー (P77)、さらに日本での扱いは少ないがアイルランドで人気のジョンパワーなど多くのウイスキーが造られている。

Connemara

カネマラ

アイリッシュ　ウイスキー

アイルランド第三の蒸溜所で誕生
ピートのきいた復刻アイリッシュ

クーリーは1987年、ジョン・ティーリングにより設立されたアイルランド唯一の独立資本の蒸溜所。1992年以降、かつての代表銘柄を次々に復活させ、「アイリッシュ・ウイスキーの革命児」と呼ばれている。カネマラは、昔のアイリッシュのように、ターフ炭のピート香をつけた復刻版。色は淡く、スコッチに似たスモーキーさが持ち味だが、上品でさらりとなじみやすい。甘さからピートの風味に変わっていくアイリッシュならではの味わいを堪能できる。

カネマラ
シングルモルト
アルコール度数40度
容量700ml
参考価格4410円

〔輸入元〕
㈱明治屋

おもなラインナップ

カネマラ
カスクストレングス
アルコール度数60度
容量700ml
参考価格6510円
＊度数はロット毎に異なる

カネマラ 12年
アルコール度数40度
容量700ml
参考価格10290円

アメリカン
American

代表はトウモロコシ由来のバーボン

アメリカン・ウイスキーの代表格は、なんといってもバーボン・ウイスキーだろう。総生産量の約半分を占めるほどの人気がある。主原料のトウモロコシを51～79.99%使用したものがバーボンだが、これを2年以上熟成させるとストレート・バーボン・ウイスキーを名乗れる。また、トウモロコシを80%以上使用したものはコーン・ウイスキーと呼ばれる。

アメリカにはバーボンのほかライ・ウイスキー、モルト・ウイスキー、ホイート・ウイスキーなどがあり、それぞれ、ライ麦、大麦麦芽、小麦を51%以上使用することと定義されている。

発祥はケンタッキー州バーボン郡

バーボンの名は、フランスのブルボン王朝に由来する。独立戦争の際アメリカに味方したフランス国王ルイ16世にちなんで、ケンタッキー州の郡の一つが郡名をバーボンとした。1789年にバーボン郡に住む牧師エライジャ・クレイグがトウモロコシでウイスキーを造り、それに郡名をつけたのが始まりだ。合衆国成立後、政府の課税を逃れてケンタッキーに移住していた蒸溜業者たちがクレイグの製法を模倣したことから、バーボン・ウイスキーは広まった。

焦がした樽がバーボンらしさを生む

バーボンの最大の特徴は、内側を焦がした樽で熟成させること。「ホワイトオークの新樽を焦がしたものを用いる」と定められており、焦げた木の色と香りが、独特のバーボンらしさを生み出している。ちなみに、バーボンを熟成させた後の樽は、スコッチ・ウイスキーの熟成などに再利用されている。ほかにも「原酒に水以外のものを加えてはいけない」などいくつかの定義がある。仕込み水にはケンタッキーの石灰岩から湧き出るライムストーン・ウォーターが最適とされている。

テネシーで造られる独自のウイスキー

テネシー州製造のウイスキーは、「テネシー・ウイスキー」と呼ばれる。バーボンと原料や蒸溜方法は同じだが、蒸溜後にサトウカエデの木炭で濾過し、樽で熟成する製法を採用している。代表銘柄はジャックダニエル。この製法をいち早く確立したことで知られる。

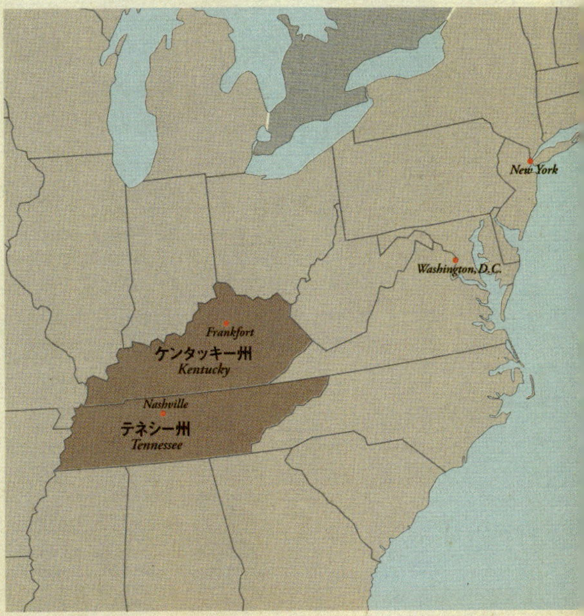

アメリカ

ELIJAH CRAIG

エライジャ クレイグ

ウイスキー　アメリカン　バーボン

“バーボンの父”の名をいただく ルビー色を帯びた特別な酒

エライジャ クレイグ 12年
アルコール度数47度
容量750ml
参考価格2268円

〔輸入元〕
バカルディ ジャパン㈱

“バーボンの父”エライジャ・クレイグ牧師にちなんで生まれたブランド。ケンタッキー開拓時代、クレイグ牧師はトウモロコシで造ったウイスキーを内側が焼けた樽に入れたまま置き忘れてしまった。3～4年後に開けてみると、赤味がかった芳醇な液体が現れた。これがバーボンの最初という。その歴史に恥じぬよう丁寧に造られるエライジャ クレイグは、甘く濃厚な味と香りが高い評価を得ている。12年は最初のバーボンに似た赤みがかった色が特徴。18年はバーボンでは数少ない長期熟成だ。

おもなラインナップ

エライジャ クレイグ 18年
アルコール度数45度
容量750ml
参考価格5750円

Evan Williams

エヴァン ウィリアムス

アメリカン　バーボン　ウイスキー

バーボン誕生の伝説にちなむ「SINCE 1783」のラベルに始祖の誇り

　エヴァン・ウィリアムスは、“バーボンの父”とされるエライジャ・クレイグ牧師と同時期にバーボンを誕生させた人物。1783年に、ライムストーンから湧き出る水を発見し、これを仕込み水にトウモロコシを原料としたウイスキーを造ったといわれる。その名にちなみ命名されたケンタッキー・ストレート・バーボンだ。すっきりしたスタンダード・タイプのブラックラベル、度数が高くパンチのある12年、ヴィンテージのシングルバレルなど個性豊かな種類が揃う。

エヴァン ウィリアムス ブラックラベル
アルコール度数43度
容量750ml
参考価格1643円

〔輸入元〕
バカルディ ジャパン㈱

おもなラインナップ

エヴァン ウィリアムス 12年
アルコール度数50.5度
容量750ml
参考価格2400円

エヴァン ウィリアムス シングルバレル
アルコール度数43.3度
容量750ml
参考価格4000円

エヴァン ウィリアムス 23年
アルコール度数53.5度
容量750ml
参考価格28000円

ブラントン

ウイスキー　アメリカン　バーボン

“唯一無二”とも称される個性派シングルバレル・バーボン

ブラントン
アルコール度数46.5度
容量750ml
参考価格9162円

〔輸入元〕
宝酒造㈱

長期熟成させた原酒を、一つの樽からのみボトリングするシングルバレル・バーボン。1984年、ケンタッキーの州都フランクフォード市市制200年を記念して誕生。ブランド名は、バーボン造りの名人アルバート・ブラントン大佐にちなみ、その技を引き継いだ芳醇で濃密な味わいが、愛飲家の舌をうならせている。開拓者たちに敬意を込め、ケンタッキー・ダービーの騎手と馬をキャップに冠した丸いボトルが個性的。キャップが8種類あるのもユニークだ。

おもなラインナップ

ブラントン ブラック
アルコール度数40度
容量750ml
参考価格4403円
ブラントン ゴールド
アルコール度数51.5度
容量750ml
参考価格13951円

アメリカ

I.W.HARPER

I.W. ハーパー

アメリカン　バーボン　ウイスキー

万国博覧会で金賞を獲得した都会的で洗練された傑作

　1877年、ドイツからの移民アイザック・ウォルフ・バーンハイムの手により誕生。彼のイニシャルI.W.と、友人でダービー馬の馬主フランク・ハーパーの名前からI.W.ハーパーと命名された。1885年のニューオーリンズ万国博覧会をはじめ5つの博覧会で金賞を受賞。以来「ゴールドメダル」と呼ばれている。雑味のないすっきりとした味わいで、飲み心地がよいのが特徴。都会的で洗練されたスタイリッシュなバーボンと評価されている。12年は長期熟成のプレミアム・バーボン。

I.W. ハーパー
ゴールドメダル
アルコール度数40度
容量700ml
参考価格 OPEN

〔輸入元〕
キリンビール㈱

おもなラインナップ

I.W. ハーパー 12年
アルコール度数43度
容量750ml
参考価格 OPEN

アメリカ

Four Roses

フォア ローゼズ

ウイスキー　アメリカン　バーボン

ロマンチックなエピソードを持つ 薔薇のように華やかなバーボン

1888年、ポール・ジョーンズにより「フォア ローゼズ」というブランドが生み出された。ある日、ポール・ジョーンズは舞踏会で出会った南部美人に一目惚れしてプロポーズ。彼女は次の舞踏会に1～4輪のバラのコサージュをつけて現れ、結婚を承諾したというエピソードに由来する。主原料は厳選したトウモロコシ。ホワイトオーク樽で長期熟成した原酒をブレンドすることで、まさにロマンチックな秘話にふさわしい優美な味わいを造り出している。

フォア ローゼズ
アルコール度数40度
容量700ml
参考価格OPEN

〔輸入元〕
キリンビール(株)

おもなラインナップ

フォア ローゼズ プラチナ
アルコール度数43度
容量750ml
参考価格OPEN

フォア ローゼズ ブラック
アルコール度数40度
容量700ml
参考価格OPEN

フォア ローゼズ シングルバレル
アルコール度数50度
容量750ml
参考価格OPEN

JIM BEAM

ジム ビーム

アメリカン　バーボン　ウイスキー

ワインのように飲みやすい
ケンタッキー生まれの陽気な酒

　1791年に導入されたウイスキー税の課税を逃れるためにケンタッキーに移住した農夫ジェイコブ・ビームが、1795年、初の樽詰めウイスキーを発売したのが始まり。石灰岩層に濾過された、不純物を含まない天然水を仕込み水に、発酵の課程で複雑な風味と香味が増す「サワーマッシュ法」を採用。4年余りの熟成期間を経て、やわらかでワインにも似た風味を生み出している。ラインナップには、長期熟成のブラックやチョイスのほか、軽快なライ・ウイスキーもある。

ジム ビーム（ホワイト）
アルコール度数40度
容量700ml
参考価格OPEN

〔輸入元〕
アサヒビール㈱

おもなラインナップ

ジム ビーム チョイス
アルコール度数40度
容量700ml
参考価格OPEN

ジム ビーム ライ
アルコール度数40度
容量700ml
参考価格OPEN

アメリカ

EARLY TIMES

アーリータイムズ

ウイスキー　アメリカン　バーボン

南北戦争の前年に誕生した
開拓者魂を象徴するバーボン

1860年、リンカーンが大統領に就任した年にケンタッキー州アーリータイムズ村で誕生。1920年に禁酒法が施行された際には医師が処方する薬用ウイスキーとして認められ、全国的に広まった。アーリータイムズには「開拓時代」の意味もあり、開拓者魂を持つバーボンとして世界中で愛されている。イエローラベルは、甘い香りとまろやかな味わいの伝統的なバーボン。ブラウンラベルは、日本限定の商品で、コクのある飲み応えが楽しめる。

アーリータイムズ
イエローラベル
アルコール度数40度
容量700ml
参考価格1540円(税別)

〔輸入元〕
サントリー

おもなラインナップ

アーリータイムズ
ブラウンラベル
アルコール度数40度
容量700ml
参考価格1540円(税別)

WILD TURKEY

ワイルド ターキー

アメリカン　バーボン　ウイスキー

「野生の七面鳥」の名で愛される
ケンタッキーを代表するバーボン

1855年、ニコルズ社を創業したオースティン・ニコルズは、サウスカロライナ州に七面鳥狩りに訪れる人のために特別ブレンドのバーボンを造り、ワイルドターキー（野生の七面鳥）と名づけた。第2次世界大戦後、アイゼンハウアー大統領のお気に入りと報じられて人気が高まり、以来、歴代米国大統領が愛飲する酒として知られるようになる。伝統製法を守り続ける職人の情熱と、ケンタッキーの良質な水や豊富な穀物、四季のある気候が生み出すプレミアム・バーボンだ。

ワイルド ターキー スタンダード
アルコール度数40度
容量700ml
参考価格2415円

〔輸入元〕
ペルノ・リカール・ジャパン㈱

おもなラインナップ

ワイルド ターキー 8年／アルコール度数50.5度／参考価格3307円 **ワイルド ターキー 12年**／アルコール度数50.5度／参考価格7350円　**ワイルド ターキー レアブリード**／アルコール度数54度／参考価格4410円　**ワイルド ターキー ライ**／アルコール度数50.5度／参考価格3307円　いずれも容量700ml

アメリカ

Maker's Mark

メーカーズ マーク

ウイスキー　アメリカン　バーボン

一本ずつ違う赤い封蠟は上質の印
手造りが信条の洗練のバーボン

メーカーズ マーク
（レッドトップ）
アルコール度数45度
容量750ml
参考価格OPEN

〔輸入元〕
㈱明治屋

1959年に誕生したブランド。1840年に蒸溜所を設立したT.W.サミュエルズから数えて4代目のビル・サミュエルズ・シニアは、スコッチと肩を並べられる洗練されたバーボンを造ろうと決意。通常のライ麦ではなく冬小麦を使う独自の製法で、6年越しの理想を実現した。中身が上質で高級な証しとして、ボトルに赤い封蠟を施したのは妻マージーのアイデア。現在でも「最高の材料を使って人の手により少量生産する」というポリシーが頑なに守られ、一本一本手作業で封蠟されている。

ひと口メモ

メーカーズ マークのボトルは、750mlのレギュラーサイズのほか、大きな1000ml、ハーフ375ml、ミニチュア50mlがある。大きくても小さくても、一本ずつ丁寧に赤い封蠟が施されているのは変わらない。

Old Fitzgerald

オールド フィッツジェラルド

アメリカン　バーボン　ウイスキー

小麦を使ったやわらかな味わい 手間暇かけた「正直なバーボン」

創業は1870年。1849年創業説もあり、古い歴史を引き継ぐ。このブランドは、会員制クラブや豪華客船向けの高級品として誕生。良質の水と厳選した原料を使い、熟練の職人が丁寧に時間をかけて造る質の高さから、「オネスト（正直な）・バーボン」と呼ばれるほどの信頼を得てきた。副原料に小麦を使うことで、洗練されたやわらかな口当たりに仕上げている。1849は8年熟成の原酒を使った奥深い味わいが賞賛されている。

オールド フィッツジェラルド 1849
アルコール度数45度
容量750ml
参考価格3000円(税別)

〔輸入元〕
国分㈱

おもなラインナップ

オールド フィッツジェラルド ゴールドラベル
アルコール度数40度
容量750ml
参考価格1650円(税別)

オールド フィッツジェラルド 12年
アルコール度数45度
容量750ml
参考価格5500円(税別)

アメリカ

Eagle Rare

イーグル レア

ウイスキー　アメリカン　バーボン

ケンタッキーの長い歴史を引き継ぎ アメリカの象徴の鷲が羽ばたく

バッファロートレース蒸溜所で造られる上質のバーボン。1857年創設のエンシェントエイジ蒸溜所が1999年に名称変更。エンシェントエイジやブラントンのブランドでも知られる。イーグル レアは米国の国鳥である鷲をシンボルに掲げた高級ブランドだ。10年貯蔵の原酒を一樽ごとに丁寧に手作業でボトリングする、シングルバレル10年も高い評価を得ている。スマートなボトルはバーボンのイメージを覆し、明るい蜂蜜色も引き立つ。軽やかな甘さの中に秘めた力強さが持ち味。

イーグル レア
シングルバレル 10年
アルコール度数45度
容量700ml
参考価格6000円(税別)

〔輸入元〕
国分㈱

おもなラインナップ

正規輸入品のラインナップはないが、並行輸入で「シングルバレル 17年」(アルコール度数45度・容量750ml)が出ている。ヘビーな「イーグル レア 10年」(アルコール度数50.5度・容量750ml)も発売されていたが終売。ずんぐりした形のダンビーボトルと無骨な鷲のラベルが、古きよきアメリカを思わせると人気があった。

JACK DANIEL'S

ジャック ダニエル

アメリカン　テネシー　ウイスキー

伝説的な創業者が造り上げた テネシーを代表する人気銘柄

1863年、わずか13歳のジャック・ダニエルが世話になった牧師のダン・コールから蒸溜所を買い取ったのが始まり。ダニエルは魅力的な人物で、逸話が多い。ラベルに描かれた「OLD No.7」の意味は、7度目の試作品など諸説あるが、真実はいまだに謎。現在でも創業当時のチャコール・メローイング製法（ウイスキーをサトウカエデの木炭の濾過槽で濾過する）を守り、独自の豊かでなめらかな味わいを生み出している。

ジャック ダニエル
ブラック
アルコール度数40度
容量700ml
参考価格2400円（税別）

〔輸入元〕
サントリー

おもなラインナップ

ジャック ダニエル シングルバレル
アルコール度数47度
容量750ml
参考価格7300円（税別）

ジェントルマン ジャック
アルコール度数40度
容量750ml
参考価格3500円（税別）

カナディアン
Canadian

禁酒法時代に飛躍的な成長を遂げる

カナダでウイスキーが蒸溜されるようになったのは、アメリカ独立戦争後、独立に批判的だった英国系の人々がカナダに移住したことから。1920年代の禁酒法時代になると、国境を越えてアメリカに密輸され、急速に広まった。現在は、5大産地ウイスキーの一つとして世界中で愛飲されている。おもな蒸溜所はカナディアン クラブやギムリなど。

主力は軽快なブレンデッド・ウイスキー

カナダの法律で定められたカナディアン・ウイスキーとは、「穀物を原料に、酵母により発酵し、カナダで蒸溜し、700ℓ以下の樽で最低3年以上熟成したもの」だが、通常はブレンデッド・ウイスキーを指す。

ライ麦やライ麦麦芽、大麦麦芽などを主原料とした風味豊かなフレーバリング・ウイスキーと、トウモロコシを主原料に連続式蒸溜器で蒸溜したマイルドなベース・ウイスキーをブレンドしており、豊かな香りと軽快な味わいが特徴だ。なお、ライ麦を51％以上使用したものは、ライ・ウイスキーと表示することが許されている。

Canadian Club

カナディアン クラブ

カナディアン　ウイスキー

軽くてクセがなく飲みやすい
世界中で愛されるカナディアン

1856年、ハイラム・ウォーカーがオンタリオ州に蒸溜所を設立、従来にない軽いタイプのウイスキーを誕生させた。アメリカ各地のジェントルメンズクラブで好評を博したことから「クラブ・ウイスキー」と命名。人気が沸騰したが、これを脅威に感じたバーボン業者が政府に嘆願、アメリカ産と区別するため「カナディアン クラブ」と改名した。クセがなく飲みやすい味わいで、現在、世界150カ国以上で愛されている。ブラックラベルは日本限定品。

カナディアン クラブ
アルコール度数40度
容量700ml
参考価格1390円（税別）

〔輸入元〕
サントリー

おもなラインナップ

カナディアン クラブ クラシック 12年／アルコール度数40度／参考価格2100円　**カナディアン クラブ ブラックラベル**／アルコール度数40度／参考価格4000円　**カナディアン クラブ シェリーカスク**／アルコール度数41度／参考価格4100円　**カナディアン クラブ 20年**／アルコール度数40度／参考価格15000円　いずれも価格は税別、容量750ml

カナダ

Crown Royal

クラウン ローヤル

ウイスキー　カナディアン

英国王に献上されるために誕生
高貴で格調高い珠玉の一品

クラウン ローヤル
アルコール度数40度
容量750ml
参考価格OPEN

〔輸入元〕
キリンビール㈱

英国王で初めてカナダを訪問したジョージ6世への献上酒として、1939年にラ・サール蒸溜所で誕生。600種類ものブレンドの試作を重ねて生み出されたという。ライ麦由来のフレーバリング・ウイスキーとトウモロコシ由来のベース・ウイスキーのバランスが絶妙で、軽やかながらコクや香りもしっかりした風味が持ち味。国王の王冠をイメージしたボトルも格調高い。当初は賓客用として少量生産していたが、現在では世界各国で販売。カナディアン最高峰の呼び声が高い。

ひと口メモ

Crown Royalのスペルから、並行輸入品では「クラウン ロイヤル」と表記されているものもある。ラインナップとして、ブラック(アルコール度数45度・容量1000ml)、スペシャル・リザーブ、カスクNo.16(ともにアルコール度数40度・容量750ml)なども輸入販売されている。

ジャパニーズ
Japanese

歴史を造った鳥井信治郎と竹鶴政孝

日本のウイスキー造りは1923年、寿屋（現サントリー）創業者の鳥井信治郎が京都に山崎蒸溜所を建設したのが始まり。スコットランドで蒸溜技術を学んだ竹鶴政孝も加わり、1929年に国産ウイスキー第一号「サントリー（通称白札）」が誕生した。竹鶴は1934年に寿屋を退職して、大日本果汁（現ニッカウヰスキー）を設立、北海道余市に蒸溜所を建設した。その後、サントリーは白州、ニッカウヰスキーは宮城峡に蒸溜所を設立。日本のウイスキーの牽引役として発展を続けてきた。

世界も認めた品質へと成長

日本のウイスキーはモルト・ウイスキー、グレーン・ウイスキー、モルトとグレーンを混ぜたブレンデッド・ウイスキーの3種類に大きく分けられる。現在販売されている有名銘柄の大半はブレンデッドだが、近年はシングルモルトも好評。いくつかのモルトを合わせたヴァテッド・モルト・ウイスキーも、ピュア・モルトなどの名称で製造・販売されている。

製造方法はスコッチを手本としており、本場の味に近づけるべく努力を続けてきた。かつては日本国内のみが市場だったが、今では最高級品質と世界から評価されている。

小さな蒸溜所とこれからの動き

現在、日本には8カ所ほどの蒸溜所がある。サントリーとニッカのほか、キリンディスティラリーの富士御殿場も有名だ。メルシャンが設立した軽井沢蒸溜所もあったが事実上閉鎖している。

そして今、小さな蒸溜所に注目が集まっている。明石の江井ヶ嶋酒造の蒸溜所と、本坊酒造の信州ファクトリーが総合酒造会社の一部門として稼働中。2008年には所沢にベンチャーウイスキー社の蒸溜所が新設され、2011年に新ブランド「イチローズモルト」を発売した。

YAMAZAKI

山崎

ウイスキー　ジャパニーズ

ウイスキーの理想郷で生まれた世界に誇る日本のシングルモルト

サントリーの創始者、鳥井信治郎が1923年、京都郊外の山崎峡に蒸溜所を開設。この地は、千利休が愛した良質な地下水と霧で湿った気候が特徴。ウイスキー造りに最適なまさに理想郷といえる。同蒸溜所では、形状やサイズの異なる蒸溜器を使い分けることで多彩な原酒を製造。山崎は、これらのモルト原酒を組み合わせて造られている。やわらかい口当たりの10年、繊細で深みのある12年、熟成感のある18年など、いずれも世界に誇る名品ばかりだ。

山崎 12年
アルコール度数43度
容量700ml
参考価格7000円

〔製造・発売元〕
サントリー

おもなラインナップ

山崎 10年
アルコール度数40度
容量700ml
参考価格4000円(税別)

山崎 18年
アルコール度数43度
容量700ml
参考価格20000円(税別)

日本

HAKUSHU

白州

ジャパニーズ ウイスキー

野鳥が飛び交う森で造られる 爽快でキレのよいシングルモルト

サントリーが、山崎蒸溜所とは異なるタイプの原酒を求めて1973年に開設した白州蒸溜所は、山梨県甲斐駒ヶ岳の麓、バードサンクチュアリもある延べ面積約82万m^2の広大な森の中にある。絶好の環境の中、日本の名水百選にも選ばれた尾白川の水（軟水）を仕込み水に使い、緑葉を思わせる香りとキレのよい味わいの白州が生み出された。爽快感のある10年と12年に対し、18年と25年は複雑なコクと熟した果実味、樽香を感じさせる奥深い一品だ。

白州 12年
アルコール度数43度
容量700ml
参考価格7000円（税別）

〔製造・発売元〕
サントリー

おもなラインナップ

白州 10年
アルコール度数40度
容量700ml
参考価格4000円（税別）

白州 18年
アルコール度数43度
容量700ml
参考価格20000円（税別）

日本

HIBIKI

響

ウイスキー　ジャパニーズ

サントリー創業90周年を記念した日本のブレンデッドの最高峰

響 17年
アルコール度数43度
容量700ml
参考価格10000円(税別)

〔製造・発売元〕
サントリー

1989年にサントリー創業90周年を記念して誕生。初代マスターブレンダー鳥井信治郎から受け継がれたブレンド技術と情熱が結集した、ジャパニーズ・ブレンデッド・ウイスキーの最高傑作だ。当時のチーフブレンダー稲富孝一が、ブラームスの交響曲第一番第四楽章をイメージして、長期熟成したモルト原酒30数種類をブレンド。まさに交響曲のように、甘い熟成の香りとまろやかでスムーズな味わい、奥行きのある余韻の旋律が響きわたる。

おもなラインナップ

響 12年
アルコール度数43度
容量700ml
参考価格5000円(税別)

響 21年
アルコール度数43度
容量700ml
参考価格20000円(税別)

TAKETSURU

竹鶴

日本ウイスキーの父の名を頂く力強くも華やかなピュアモルト

ニッカウヰスキーの創業者、竹鶴政孝の名前を冠したモルト・ウイスキー。日本人として初めてスコットランドへ留学し、本場のウイスキー造りを学んだ竹鶴は、1934年に北海道の余市に、1969年には宮城県の仙台近郊の宮城峡に蒸溜所を設立した。男性的で力強い余市モルトと、華やかでやわらかな宮城峡モルトをヴァッティングさせて生まれた竹鶴は、フィニッシュに近づくと複雑に風味が変化する。飲みやすい12年、円熟した17年、深いコクの21年とラインナップも充実。

竹鶴 12年
アルコール度数40度
容量700ml
参考価格OPEN

〔製造元〕
ニッカウヰスキー㈱
〔発売元〕
アサヒビール㈱

おもなラインナップ

竹鶴 17年
アルコール度数43度
容量700ml
参考価格OPEN
竹鶴 21年
アルコール度数43度
容量700ml
参考価格OPEN

日本

YOICHI

余市

ウイスキー　ジャパニーズ

北の風土と石炭直火蒸溜が育む
力強く個性的なニッカの原点

　ニッカウヰスキー発祥の地である北海道余市の蒸溜所は、本場スコットランドによく似た環境を探し求めて造られたという。現在も残る建造物9棟が国の有形文化財に登録されており、ジャパニーズ・ウイスキーの聖地として見学者が途切れることがない。シングルモルト余市は、1936年の操業開始以来の石炭直火蒸溜など伝統的な製法によって生まれ、潮風にさらされた貯蔵庫で熟成。豊かな香りと重厚で力強いスモーキーな味が特徴だ。

シングルモルト
余市 10年
アルコール度数45度
容量700ml
参考価格OPEN

〔製造元〕
ニッカウヰスキー㈱
〔発売元〕
アサヒビール㈱

おもなラインナップ

シングルモルト 余市 12年
アルコール度数45度
容量700ml
参考価格OPEN
シングルモルト 余市 15年
アルコール度数45度
容量700ml
参考価格OPEN
シングルモルト 余市 20年
アルコール度数52度
容量700ml
参考価格OPEN

日本

TSURU

鶴

ジャパニーズ　ウイスキー

竹鶴政孝が集大成として造った
ブレンデッド・ウイスキーの最高峰

　ニッカ創業者の竹鶴政孝が約60年にわたる事業の集大成として造り上げたブレンデッド・ウイスキーの名品。華やかでやわらかなモルト・ウイスキーをベースに、熟成したグレーン・ウイスキーをブレンド。さらに17年間熟成させることで、上品でなめらかな飲み口とエレガントで広がりのある香り、まろやかな味わいを生み出した。ボトルは鶴をモチーフにしており、キャップ天面には竹鶴家に伝わる「竹林に遊ぶ鶴」の屏風絵を再現している。優美な白びんも好評。

鶴 17年
アルコール度数43度
容量700ml
参考価格9650円

〔製造元〕
ニッカウヰスキー㈱
〔発売元〕
アサヒビール㈱

おもなラインナップ

鶴 17年 白びん
アルコール度数43度
容量700ml
参考価格9650円

日本

MIYAGIKYO

宮城峡

ウイスキー　ジャパニーズ

宮城峡の美しい自然から生まれた優しい味わいのシングルモルト

シングルモルト
宮城峡 10年
アルコール度数45度
容量700ml
参考価格OPEN

〔製造元〕
ニッカウヰスキー㈱
〔発売元〕
アサヒビール㈱

1969年に宮城県の仙台市街から西に約25㎞の位置に設立された宮城峡蒸溜所は、緑の森に囲まれて建つ。「美しい自然がおいしいウイスキーを生む」と、創業者である竹鶴政孝が木々の伐採を極力禁じたという逸話が残る、環境に恵まれた地だ。周囲に流れる新川《にっかわ》川の良質な伏流水を使用しスチーム加熱で蒸溜。シェリー樽で熟成させることで、華やかでなめらかな舌ざわりを実現した。余市とは異なる優しい味わいのシングルモルトとして、近年特に注目されている。

おもなラインナップ

シングルモルト
宮城峡 12年
アルコール度数43度
容量700ml
参考価格OPEN

シングルモルト
宮城峡 15年
アルコール度数45度
容量700ml
参考価格OPEN

日本

Fujisanroku

富士山麓

ジャパニーズ　ウイスキー

富士山麓の自然環境が育んだ
樽熟成香あふれる澄んだ味わい

1972年にキリンシーグラム（現キリンディスティラリー）が設立した富士御殿場蒸溜所では、富士山の上質な天然水を使い「澄んだ味わいの中に広がる甘い樽熟香」を目指して、新たなウイスキー造りを開始。2005年に誕生させたシングルモルトが「キリンウイスキー富士山麓」だ。熟成に北米産ホワイトオークの古樽を使うことで豊かな香りとナッツのような甘みとコク、やわらかな口当たりを実現した。フルーティな原酒にするために50度というアルコール度数で樽入れして熟成。甘い樽熟香が心地よい余韻を残す。

キリンウイスキー
富士山麓
シングルモルト 18年
アルコール度数43度
容量700ml
参考価格OPEN

〔製造・発売元〕
キリンビール(株)

おもなラインナップ

キリンウイスキー
富士山麓 樽熟50°
アルコール度数50度
容量600ml
参考価格OPEN

column　コラム 2　2

マイルドな日本向けブレンドの
WHITE HORSE
ホワイトホース

ひと昔前まで、日本でスコッチといえば必ず名前が挙がったのが「ホワイトホース」だった。じつは日本で売られているのは、英国本国と異なり、日本向けにブレンドされたもの。今では値段も安く大衆的なイメージが強いが、マイルドなウイスキーとして変わらず親しまれている。英国でのブランドの誕生は1890年。グレン エルギン(P43)やラガヴーリン(P62)など、現在はシングルモルトとして注目される原酒をブレンドして、独特の味わいを造り出してきた。

現在、日本における正規輸入元はキリンビール㈱。「ホワイトホース　ファインオールド」「ホワイトホース 12年」(いずれもアルコール度数40度・容量700ml)が発売されている。

オフィシャルとはひと味違う
樽の魅力を引き出したボトラーズ

スコッチ・ウイスキーを選ぶときに少々戸惑うのが、ボトラーズ・ウイスキーの存在。ボトラーズすなわち瓶詰め業者。製造元がそのまま瓶詰めしていればわかりやすいが、そうではなくて、瓶詰め業者が独自に瓶詰めしている。前者はオフィシャル=公式と呼ばれるが、では後者は非公式?　というわけではない。蒸溜所から原酒を樽ごと買い入れ、自社で熟成させているので、味は本物。それ以上に、オフィシャルが味を均一化するためいくつもの樽を混ぜるのに対し、ボトラーズは一樽ごとを大切に瓶詰めするので、個々の味わいが際立っている。

ゴードン&マクファイル社やダンカンテイラー社など、有名ボトラーズは高く評価されている。様々な独自企画のラインナップを発売しており、ラベルデザインも楽しい。

ブランデー
Brandy

歴史と概要

スピリッツと呼ばれる蒸溜酒は数々あるが、ウイスキーとともに双璧と評されるのがブランデー。果実を原料にしたものだが、なかでもぶどうが主流で、世界屈指のぶどう生産量を誇るフランスが、いうまでもなく世界一の生産国だ。蒸溜アルコールは8～9世紀に中東で造られるようになったとされ、製造法がフランスに伝わったのは13世紀。フランスは当時、紀元前7世紀にすでに醸造され、最も歴史の古い酒であるワインの一大産地だった。医者で錬金術師のアルノー・ド・ヴィルヌーヴが偶然、そのワインを蒸溜したのがブランデーの始まりという。ウイスキーと同じく、当時は薬用がメインで「命の水」とも呼ばれていたそうだ。

もっとも発祥説はいくつかあり、16世紀に酒類を扱うオランダの貿易商が輸送費軽減のため、ワインを蒸溜することで液体量が減らせ、かつ高い度数の酒になる利点から考案した説、できの悪いワインを蒸溜することで、より旨みのある酒に変えられるからとの説などが流布している。ただし、どの説にしろ、ワインがあってこそのブランデーに変わりはない。

その後17世紀後半に、フランス南西部のコニャック地方で本格的に企業化した蒸溜所が登場し、新たな酒類として定着。コニャックが現在、ブランデーの代名詞的存在なのは、この歴史からである。ただし、劣らず有名な南仏アルマニャック地方ではさらに古く、15世紀初頭にはブランデー造りが行われていたという記録が残る。ちなみにブランデーの名は、「ヴァンブリュレ」（焼いたワイン）といわれていたものを、オランダの貿易商が自国語の「ブランデウェイン」の名で周辺国に輸出。この頃にはフランスよりも輸入した英国での消費が多く、その英国で言葉を縮めて「ブランデー」と呼んだことが一般に広まったものだ。

産業としての成長をさらに進めるべく、1713年にはルイ14世がブランデーを保護する法律を制定。これがヨーロッパの王室の注目を集め、各国の上流階級でも嗜好されて「王侯の酒」と呼ばれるほどになる。また大航海時代（ヨーロッパ各国がアメリカ大陸やインド、アジア諸国へ植民地などを求めて船団を組み進出した）には船上酒としても浸透、訪れた各地にも普及していく。だが当時はまだ無色透明で、今ほどまろやかな酒ではなかったようだ。ウイスキーと同様に樽に詰めて貯蔵し、琥珀色に変化させる熟成の歴史は定かではないが、大航海時代に船に積んだ樽詰めの原酒がその始まりではないかと考えられている。

ところでブランデーはワイン（ぶどう）だけでなく、前出のとおり果物類を原料とする蒸溜酒の総称である。フランスに伝わった頃とそれほど変わらない時期に、同様な製法がヨーロッパ一円に伝播。りんご、さくらんぼなど各種の果物が原料に使われている。これらはフルーツ・ブランデーとも呼ばれるが、琥珀色に仕上げるのは東ヨーロッパの製品。西ヨーロッパでは樽熟成されないものが多い。無色透明で商品化されることからホワイト・ブランデーの名もある。消費量の多い国の一つアメリカのブランデー造りは、1842年にカリフォルニアで始められた。

原料と製法

原料として最も多く使われるのはぶどう。醸造酒のワインを造った後、蒸溜するのが一般的だ。これをグレープ・ブランデーと呼ぶ。このほか、りんごやさくらんぼ、プラム、洋梨、あんず、いちご、木いちご、各種ベリーなど多種多彩な果物を原料とするものはフルーツ・ブランデーと総称される。また、ワイン製造の際に残ったぶどうかすを蒸溜するかす取りブランデーもある。フランスではマール、イタリアではグラッパというが、日本酒の搾りかすを使ったかす取り焼酎と同じように、しっかりした蔵元（蒸溜所）の造るものは評価が高い。さらに原産地呼称統制（AOC）の基準に達しなかったフランスのワインを原料とするものがフィーヌと呼ばれる。

これら原料が多岐にわたることから、発酵後の蒸溜方法も原料の特性（酸味、香りなど）を生かすため、単式蒸溜器で数回蒸溜するもの、連続式蒸溜器や半連続式蒸溜器を使うものなどそれぞれ異なる。出荷にもかなり違いがあり、無色透明なホワイト・ブランデーは、蒸溜後、樽ではなくタンクで味を慣らして瓶詰めする。これは樽の香りがつくのを避け、原料本来の香りを楽しんでもらうため。逆に樽に貯蔵し、年月をかけた後出荷するものは、本来の香りと樽香が醸し出す複雑な味わいに特徴がある。

その熟成の年数を表すのがボトルに表記されたＶＯ、ＶＳＯなどの記号。ＶＯは12～15年、ＶＳＯは15～20年、ＶＳＯＰが25～30年、さらにXOが40～45年といわれる。ただしあくまでも目安で、年数が合致しないものもある。

またナポレオンと名づけた銘柄も等級を表すものの一つ。皇帝ナポレオン（ブランデーを各国に広めた功労者の一人）統治時代の1811年にぶどうが大豊作。良質の酒ができたことから、この後、高品質ブランデーの代名詞として用いられるようになったもの。また、多くのブランデーは原酒をブレンドして商品化するが、コニャックは古酒と新酒でブレンドするのが特徴だ。

さて、フランスのブランデーが世界に認められて以来、特に名産地として人気を博してきたのがコニャックとアルマニャック。フランス政府はその品質保持のため、1909年に名称の使用に関して法律で厳しく制限。このことが、両エリアのブランド名をさらに高め、現在に至っている。また、それ以外のフランス産はフレンチ・ブランデーと総称される。

本書ではこのコニャック、アルマニャックを中心に、フィーヌとマール、グラッパを紹介する。またぶどう以外のおもな果実蒸溜酒（フルーツ・ブランデー）では、フランス・ノルマンディー地方のりんごを原料にしたカルヴァドス、さくらんぼを使ったドイツのキルシュヴァッサーの銘酒を取り上げた。

DENMARK
ELAND
UNITED
KINGDOM
NETHERLANDS
GERMANY
BELGIUM
シャンパーニュ
Champagne
ノルマンディー
Normandy
アルザス
Alsace
シュヴァルツヴァルト
Schwarzwald
ブルゴーニュ
Bourgogne
SWITZERLAND
コニャック
Cognac
ヴェネト州
Veneto
FRANCE
アルマニャック
Armagnac
ピエモンテ州
Piemonte
ITALY
SPAIN

コニャック
Cognac

AOCで定められた原料と製法

コニャックはフランス中西部のコニャック地方で造られるブランデー。その原料や製法は、原産地呼称統制（AOC）により厳格に定められている。原料は、ブランデー造りに適した白ぶどうのユニ・ブラン、フォル・ブランシュ、コロンバールの3品種を主体とし、10%以内ならブラン・ラメ、ジュランソン・ブラン、セミヨン、モンティル、セレクトの5品種が使用できる。製造方法は、伝統的な銅製のポットスチルを用いる単式蒸溜を2回行い、フランス産のオーク樽で2年以上熟成。水で希釈しアルコール度数40%にして製品化することが義務づけられている。

6つの原産地名は高級品質の証

コニャックの原産地は、グラン・シャンパーニュ、プティ・シャンパーニュ、ボルドリ、ファン・ボア、ボン・ボア、ボア・ゾルディネールの6カ所。これらの地域産のどのブランデー原酒をブレンドしても「コニャック」と名乗ることができる。

また、それぞれの地域内のぶどうのみを使ったものだけが、地域名を名乗ることができ、なかでも「グラン・シャンパーニュ」は繊細な香りと豊かなボディの最高級品。次いで「プティ・シャンパーニュ」、さらに芳醇な「ボルドリ」が高級品とされる。

コニャックの造り手は、ワインと同様に、自社のぶどう畑を持つ生産者であるドメーヌまたはシャトーと、原料や原酒を仕入れて熟成やブレンドを行って製品を造るネゴシアンの2タイプがある。ブレンド技術が非常に重視されるのもコニャックの特徴だ。

フランス

RÉMY MARTIN

レミーマルタン

コニャック　ブランデー

ケンタウロスをシンボルに
280余年の歴史ある名品

　レミーマルタン社は1724年の創業以来、時間をかける伝統手法で上質のコニャックを造り続けている。使用するぶどうは、コニャック地方のぶどう産地の上位2地区の最上級品のみ。これがコニャックに豊かで複雑な風味と力強さをもたらし、さらにブレンドを行うセラー・マスターの才能と技術によって香水にもたとえられる芳香が生み出される。なかでもバカラ社製クリスタル瓶のルイ13世は、40～100年もの熟成を重ねた1200種に及ぶコニャックをブレンドした究極の逸品。

レミーマルタン V.S.O.P
アルコール度数40度
容量700ml
参考価格5000円（税別）

〔輸入元〕
レミー コアントロー ジャパン㈱

おもなラインナップ

ルイ13世
アルコール度数40度
容量700ml
参考価格200000円（税別）

レミーマルタン XO エクセレンス
アルコール度数40度
容量700ml
参考価格16000円（税別）

フランス

COURVOISIER

クルボアジェ

ブランデー　コニャック

初めて「ナポレオン」と呼ばれた皇帝がこよなく愛したコニャック

クルボアジェ XO
アルコール度数40度
容量700ml
参考価格28000円(税別)

〔輸入元〕
サントリー

パリのワイン商エマニュエル・クルボアジェが1805年に創業。時の皇帝ナポレオン1世に献上したことから、ナポレオンが愛したコニャックとして知られる。1869年にはナポレオン3世の宮廷御用達に選ばれた。現在、コニャックに使われる「ナポレオン」の肩書きは、当初クルボアジェのことだったという。シャンパーニュ地区の農家から買いつけたぶどうをオーク樽により熟成。フルーティで熟成した香りと芳醇でまろやかな味わいの逸品だ。

おもなラインナップ

クルボアジェ VSOP
アルコール度数40度
容量700ml
参考価格8700円(税別)

クルボアジェ VSOP ルージュ
アルコール度数40度
容量700ml
参考価格3800円(税別)

フランス

CAMUS

カミュ

コニャック　ブランデー

約150年間受け継がれてきた伝統が生む名品のラインナップ

1863年、ジャン・バティスト・カミュが創立。大手コニャック・ブランドの中では唯一の独立系ファミリー企業として、5代にわたって伝統を守り、高品質のコニャックを造り続けている。華やかで繊細なエレガンス・シリーズ、希少なボルドリー地区のぶどうのみを使うボルドリー・シリーズなど、いずれも芳醇なアロマに満ちた名品揃い。国際ワイン&スピリッツコンペティションで金賞を4回受賞した実績を誇る。レ島で生産される異色の「イル・ド・レ」シリーズも注目の的。

カミュVSOP エレガンス
アルコール度数40度
容量700ml
参考価格OPEN

〔輸入元〕
アサヒビール(株)

おもなラインナップ

カミュ XO エレガンス
アルコール度数40度
容量700ml
参考価格OPEN

カミュ ボルドリー XO
アルコール度数40度
容量700ml
参考価格OPEN

フランス

Paul GIRAUD

ポール ジロー

ブランデー　コニャック

「コニャックは自然の賜物」ぶどうを手摘みする老舗の銘品

ポール ジロー 15年
アルコール度数40度
容量700ml
参考価格8400円

〔輸入元〕
㈱ジャパンインポートシステム

　コニャック地方の中でも最高峰とされるグラン・シャンパーニュ地区。この地で400年前から代々農業を営んできたジロー家は、1800年代後半からコニャック造りを始めた。機械化された量産コニャックが増える中、ジロー家は「コニャックは自然の賜物」という考えのもと、手摘みのぶどうを自然発酵させ、蒸溜にも膨大な時間をかけるなど、頑なに伝統製法を守り続けている。華やかさと深み、暖かみのある味わいに気品をも漂わせ、まさに手造りコニャックの極みといえる。

おもなラインナップ

ポール ジロー 25年
アルコール度数40度
容量700ml
参考価格10500円

ポール ジロー 35年
アルコール度数40度
容量700ml
参考価格21000円

ポール ジロー トラディション
アルコール度数40度
容量700ml
参考価格5250円

フランス

MARTELL

マーテル

コニャック　ブランデー

スミレのように華やかな香りの欧州で最も売れているコニャック

ヨーロッパで販売量No.1の世界屈指のコニャック。マーテル社の創業は1715年。コニャック製造においてフランス最古の歴史を誇る超老舗で、8代にわたり技術が継承されてきた。ボルドリ地域で収穫されたぶどうから造られた原酒は「スミレの花の香り」と呼ばれる華やかな香りとまろやかな味わいを持つ。このボルドリ原酒を豊富に使用することで、「空《あ》いてなお、グラスは香る」といわれるほどの、豊かな香りと繊細で芳醇な味わいを生み出している。

マーテル コルドンブルー
アルコール度数40度
容量700ml
参考価格OPEN

〔輸入元〕
キリンビール(株)

おもなラインナップ

マーテル V.S.O.P／アルコール度数40度／参考価格OPEN　**マーテル XO**／アルコール度数40度／参考価格OPEN　**ロール・ド・マーテル**／アルコール度数40度／参考価格OPEN　**マーテル スリースター**／アルコール度数40度／参考価格OPEN　いずれも容量700ml

フランス

Otard

オタール

ブランデー　コニャック

ルネッサンス時代の城で育まれる
ほのかな木樽の香りのコニャック

コニャック市の古城シャトー・ド・コニャック。国王フランソワ1世が生まれ、フランス革命まで王家が所有していたこの城を、1796年、市長のオタール男爵がコニャック造りのために買い取ったのが始まり。グラン・シャンパーニュやプティ・シャンパーニュなどの吟味したぶどうをおもに醸造したワインを蒸溜し、小型のオーク樽で熟成させている。8年以上熟成ながらドライな味わいのVSOPから、50年以上熟成の古酒まで、それぞれに魅力がある。

オタール V.S.O.P.
アルコール度数40度
容量700ml
参考価格OPEN

〔輸入元〕
バカルディ ジャパン(株)

おもなラインナップ

オタール ナポレオン
アルコール度数40度
容量700ml
参考価格OPEN

オタール XO
アルコール度数40度
容量700ml
参考価格OPEN

フランス

Hennessy

ヘネシー

コニャック　ブランデー

ヘネシー家が8世代にわたり こだわり抜いたコニャックの銘品

世界中で最も愛飲されているコニャックの最高峰。1765年、リシャール・ヘネシーが世に送り出して以来、8世代にわたり、彼の情熱と技術がヘネシー家に受け継がれている。日本においても、1868年の初輸入以来、コニャックのシンボルとして絶大な存在感を放つ。厳選されたぶどうから造られるオー・ド・ヴィー（原酒）のみを使用し、世界最大約25万樽の中から最高のものだけを選びブレンドするというこだわりが、長い時を経て究極の味わいへと進化する。

ヘネシー V.S
アルコール度数40度
容量700ml
参考価格3800円(税別)

〔輸入元〕
MHD モエ ヘネシー ディアジオ㈱

おもなラインナップ

ヘネシー X.O
アルコール度数40度
容量700ml
参考価格16000円(税別)

フランス

Delamain

デラマン

ブランデー　コニャック

20年以上の長期熟成原酒を使い巧みなブレンドで味わいマイルド

デラマン社は、1824年にアンリ・デラマンが本格的にコニャック業に参入。グラン・シャンパーニュ地区のぶどうを100%使用し20年以上熟成させた原酒を、契約蒸溜業者から買い上げてブレンドしている。極めてまろやかな味わいが特徴で、フランスで確固たる名声を得、超一流レストランのプライベート・コニャックにもなっているほどだ。X.Oペール&ドライは、25年以上長期熟成した原酒に1世紀を超すコニャックをブレンド。高品質な希少品として人気が高い。

デラマン X.O ペール&ドライ
アルコール度数40度
容量700ml
参考価格14799円

〔輸入元〕
㈱明治屋

おもなラインナップ

デラマン ベスパー
アルコール度数40度
容量700ml
参考価格26244円

デラマン レゼルブ・ド・ラ・ファミーユ
アルコール度数43度
容量700ml
参考価格80949円

フランス

FRAPIN

フラパン

コニャック　ブランデー

グラン・シャンパーニュの名門が造る最上級のコニャック

フラパン社は、ぶどうの最高級認定地区グラン・シャンパーニュの中心にあり、700年以上にわたってコニャックを造り続けてきた名門中の名門。特にフラパンV.S.O.P.は、V.S.O.P.では世界で唯一のグラン・シャンパーニュ格付け品として知られる。16世紀から今日に至るまで、自家栽培する高品質のぶどうのみを使用し、10年以上熟成というこだわりがこの格付けになったといえる。豊かな香りとコク、まろやかさ、芳醇な味わいは他に類を見ない。気品あふれる逸品だ。

フラパン V.S.O.P.
アルコール度数40度
容量700ml
参考価格5894円

〔輸入元〕
サッポロビール㈱

おもなラインナップ

フラパン ナポレオン
アルコール度数40度
容量700ml
参考価格14094円
フラパン V.I.P. XO
アルコール度数40度
容量750ml
参考価格19494円

フランス

Meukow

ミュコー

ブランデー　コニャック

永遠の象徴パンサーをまとい
コニャック本来の魅力を追求

ミュコー
ブラックパンサー
アルコール度数40度
容量700ml
参考価格10868円

〔輸入元〕
木下インターナショナル㈱

1862年、ロシア宮廷の酒の調達をしていたオーガスタ・クリストフが、盟友だったミュコーの名と合わせて、ACミュコー社を設立。1979年からはCDG社のファミリーグループとして、コニャック愛好家が求める品質を追求し続けている。ミュコー・ブランドの特徴は、2回蒸溜とオーク樽での長期熟成から生まれる力強さ、エレガントさ、豊かな香り。一方で気軽さもあり、パンサー（豹）をあしらったユニークなボトルも親しまれている。

おもなラインナップ

ミュコー V.S.O.P スペリュール
アルコール度数40度
容量700ml
参考価格13755円
ミュコー ナポレオン
アルコール度数40度
容量700ml
参考価格22260円
ミュコー X.O
アルコール度数40度
容量700ml
参考価格27878円

コニャックの味わい方

日本では、ブランデー＝コニャックのイメージが強い。ブランデーは丸く膨らんだ大きなバルーン・グラスに注ぎ、ゆったりと回しながら香りを嗅ぐ、というのが定番とされてきたが、これはまさにコニャックの楽しみ方だろう。いかにも贅沢な酒の味わい方で、その他のブランデー類はもっと気さくに飲まれている。

ただし、最近はコニャックも飲み方が変わってきている。大きなバルーン・グラスは、香りをより際立たせるもので、手のひらで温めるようにして飲むとされてきたが、今の良質のコニャックは、ボトルを開栓しただけで香り立つ。グラスは小ぶりなもので十分に芳香が楽しめ、柄がついた小さめのチューリップ型のグラスなどがおすすめだ。

コニャックに似た日本のブランデー

日本産のブランデーも数多く登場している。国産ブランデーは明治20年代に造られたのが最初とされるが、本格的に製造が始まったのは昭和30年代になってから。多くがコニャック造りに使われるタイプの単式蒸溜器を用いることから、マイルドで繊細な、コニャックに似た味わいのブランデーが造られてきた。原酒にコニャックを使っているものも多い。

おもなところでは、サントリー、キリン、ニッカで、それぞれVOからXOまで様々なタイプを発売。なかでもニッカのブランド「ドンピエール」はコニャックの原酒を多く使いながら、手頃な価格で人気を集めている。

アルマニャック
Armagnac

700年の歴史を持つブランデー

フランスにおけるブランデーの起源は、14～15世紀頃にスペインからバスク地方を経てフランス南西部のアルマニャック地方に伝えられたのが始まりとされる。アルマニャックは、コニャック同様に原産地呼称統制（AOC）により保護されており、原料のぶどう品種は、ユニ・ブラン、フォル・ブランシュ、コロンバール、バコなど。このうち約80%をユニ・ブランが占める。製法は、伝統の半連続式蒸溜法で1回蒸溜という場合が多い。繊細なコニャックに対し、野趣に富んだ骨太で男性的な味わいのものが主流だ。

最高峰はバ・アルマニャック

産地は、バ・アルマニャック、アルマニャック・テナレーズ、オー・アルマニャックの3つに分けられる。これは土壌の違いによるもの。単一の地域内で作られたぶどうのみを使用した場合は、地域名を表示することが許されている。バ・アルマニャックはプラムのような香りでまろやか、テナレーズは香りが濃厚でコシが強く、オー・アルマニャックはおとなしい味わい、とそれぞれ性格が異なる。一般的にはバ・アルマニャックが最高峰として知られる。

コニャック同様、造り手には自社畑を持つドメーヌまたはシャトーと、原酒などを仕入れて熟成やブレンドを行うネゴシアンが存在する。バスク瓶と呼ばれる独特な平たい形のボトルが多いのもアルマニャックの特徴だ。

フランス

CHATEAU de LAUBADE

シャトー ロバード

アルマニャック　ブランデー

世界各国で数々の賞に輝いた オーク樽熟成のアルマニャック

世界各国の品評会で数々の賞を獲得している高品質のアルマニャック・メーカー。バ・アルマニャック地区ソルベ村にあり、ぶどう栽培から原酒までを自家生産している。原酒をオーク樽の新樽で2年寝かせた後、古樽で熟成させることで、タンニン分を含んだ重厚な味わいに仕上げている。VSOPは骨太でフルーティ、XOは平均15年以上熟成させた原酒をブレンド。味と香りのバランスが絶妙だ。約80種のヴィンテージ品も揃えている。

シャトー ロバード VSOP
アルコール度数40度
容量700ml
参考価格4719円

〔輸入元〕
㈱明治屋

おもなラインナップ

シャトー ロバード 1918年～1994年ヴィンテージ各種
アルコール度数40度（1958と1970は44度、1963は46度）／容量700ml／参考価格21000～288750円

フランス

Chabot

シャボー

ブランデー　アルマニャック

海軍元帥シャボーが考案した 輸出第1位のアルマニャック

シャボー XO
アルコール度数40度
容量700ml
参考価格5600円(税別)

〔輸入元〕
サントリー

16世紀の海軍元帥フィリップ・ド・シャボーの末裔が1828年に創業。現在はバコ種のぶどうからワインを造り、アルマニャック式蒸溜器で蒸溜した原酒をオーク樽で23～35年熟成。これをブレンドすることで、華やかな香りと熟成感のある味わいを実現した。1963年から本格的な輸出を開始し、今ではフランスからの輸出本数第1位のアルマニャックとなっている。

おもなラインナップ

シャボー ナポレオン
アルコール度数40度
容量700ml
参考価格4000円(税別)

シャボー VSOP
アルコール度数40度
容量700ml
参考価格3100円(税別)

フランス

Samalens

サマランス

アルマニャック　ブランデー

コニャックとアルマニャック 2つの個性を併せ持つブランデー

アルマニャックの名門サマランス社は、元はワイン醸造の家系だったが、1882年からブランデーの製造を手がけるようになった。最優良地区グラン・バ・アルマニャック産ぶどうを100%使用し、従来のアルマニャック方式である半連続式蒸溜器で蒸溜したものと、コニャックに用いる単式蒸溜器で蒸溜したものをバランスよく配合。コニャックのエレガントな香りと、アルマニャック特有のフレッシュな香りを併せ持つ、豊かな味わいに仕上がっている。

シングル ドゥ サマランス8年
アルコール度数40度
容量700ml
参考価格6300円

〔輸入元〕
木下インターナショナル㈱

おもなラインナップ

シングル ドゥ サマランス12年
アルコール度数40度
容量700ml
参考価格8400円

シングル ドゥ サマランス15年
アルコール度数40度
容量700ml
参考価格10500円

サマランス VSOP ニューボトル
アルコール度数40度
容量700ml
参考価格10500円

Henri Quatre

アンリ カトル

ブランデー　アルマニャック

日本人の嗜好に合わせて開発した
繊細でなめらかなアルマニャック

アンリカトル デラックス
アルコール度数40度
容量700ml
参考価格5250円

〔輸入元〕
木下インターナショナル(株)

アンリ カトルの名称は、フランス国民に人気のあったフランス王アンリ4世に由来。1994年、木下インターナショナルとサマランス社が日本のギフト市場向けに開発したブランドで、日本人の嗜好に合わせたアルマニャック・ブランデーといえる。原料のぶどうは、サマランス・ブランドと同様に最優良地区グラン・バ・アルマニャック産を100%使用。古い原酒を豊富にブレンドすることで、フルーティで華やかな芳香と繊細でなめらかな口当たりになっている。

おもなラインナップ

アンリ カトル ナポレオン レゼルヴ
アルコール度数40度
容量700ml
参考価格8400円
アンリ カトル ナポレオン グランドスペリュール
アルコール度数40度
容量700ml
参考価格10500円
アンリ カトル XO スペリュール
アルコール度数40度
容量700ml
参考価格15750円

フィーヌとマール
Fine & Marc

フィーヌとマールは、ぶどうを主原料にしたフランスの蒸溜酒で、ブランデーの仲間。おもにワインの生産者によって造られている。フランス語ではブランデーなど蒸溜酒を、Eaux-de-Vie オー・ド・ヴィー＝「命の水」と呼び、フィーヌとマールも正式な名前は頭にオー・ド・ヴィーがつく。

フィーヌ Fine

正式名称は Eaux-de-Vie de Vin オー・ド・ヴィー・ド・ヴァン。一般的に「フィーヌ」と呼ばれる。ワインを蒸溜し樽熟成させた蒸溜酒で、産地規制法により生産地が指定されている。コニャックやアルマニャックとは、ぶどうを変えたり、澱引きした後に樽底に残ったワインを蒸溜するなどして、ひと味違った味わいを持つ。穏やかな中に、それぞれの個性を感じさせるものが多い。

マール Marc

正式名称は Eaux-de-Vie de Marc オー・ド・ヴィー・ド・マール。ぶどうの搾りかす（マール＝滓）を発酵、蒸溜させ、樽で熟成。イタリアの「グラッパ」に当たる、いわばフランスのかす取りブランデー。国の規定により、フランスワイン生産地方14の地名表示がある。ブルゴーニュ、シャンパーニュ、アルザスが三大マールとして有名。ぶどうの香りが凝縮したような、強くワイルドな味わいが特徴。

フィーヌもマールも日本での流通は少なく、ワインのインポーターを通して不定期に入ってくるものが多く、その時々での出会いを楽しみに待つといった形になる。従って、例として次に紹介するものも定番ではないので注意。

ちなみに名称は、多くの蒸溜酒と違って、単に「フィーヌ・ド・シャンパーニュ」「マール・ド・ブルゴーニュ」と、生産地の名前がつくのが一般的で、混同に気をつけたい。ボトルデザインもシンプルなものが多い。

コント・ジョルジュ・ド・ヴォギュエ社

ブルゴーニュのシャンボール・ミュジニー村に特級畑を持つ代表的ドメーヌ。1450年以来の歴史を持つ。フィーヌやマールも非常に質が高い。人気だが入手は困難。

フィーヌ・ド・ブルゴーニュ
アルコール度数42度
容量700ml
参考価格23000円(税別)

マール・ド・ブルゴーニュ
アルコール度数42度
容量700ml
参考価格23000円(税別)

フェヴレ社

多くの自社畑を持つドメーヌ&ネゴシアン。1825年創業。高品質のブルゴーニュ・ワインで知られ、安定した品質のマールを生産している。リーズナブルな価格のものが多い。

マール・ド・ブルゴーニュ
アルコール度数40度
容量700ml
参考価格4000円(税別)

〔輸入元〕
㈱ラック・コーポレーション

グラッパ
Grappa

ぶどうの搾りかすから造ったブランデー

イタリア産のブランデーの一種。ワイン用ぶどうの搾りかすを発酵させたアルコールを蒸溜して造られている。アルコール度数は37.5〜60度と高く、強烈な個性が持ち味だ。EUの法律ではイタリアで造られたもののみがグラッパと呼ばれる。

熟成方法でいくつかに分類され、ステンレスタンクで最低6カ月熟成させた無色透明の「ジョヴァーネ」または「ビアンカ」と、木樽で18カ月以上熟成させた琥珀色の「リゼルヴァ」または「ストラヴェッキア」が一般的。10年以上の長期熟成酒もあり、洗練された味わいは、上質のコニャックにも劣らない。ぶどうの品種も重視され、「グラッパ・ディ・バローロ」「グラッパ・ディ・モスカート」など名称に掲げているものも多い。

主要産地はヴェネト州とピエモンテ州

グラッパの名の由来は、ヴェネト州ヴェネチア北部の町バッサノ・デル・グラッパからつけられたという説や、ぶどうの房を意味するgrappoloから来たという説がある。

バッサノ・デル・グラッパは「グラッパの聖地」として知られ、1779年創業のナルディーニ社や1898年創業のポーリ社、ポーリ社設立のグラッパ博物館などがある。ピエモンテ州もグラッパの産地で、1947年に創業したベルタ社は、木樽熟成を行うタイプで新時代を切り開いた。ヴィンテージ品が人気を集めている。

BERTA
ベルタ

ぶどう栽培家たちの信頼を集め 上質な原料で造る長期熟成グラッパ

パオロ・ベルタ・リゼルヴァ・デル・フォンダトーレ 1990
アルコール度数45度
容量700ml
参考価格29400円

〔輸入元〕
㈲フードライナー

1947年、ピエモンテ州ニッツァ・モンフェッラートで創業。ぶどう栽培家たちの信頼が厚く、上質のぶどうの搾りかすを使って高級グラッパを造る。パオロ・ベルタ・リゼルヴァ・デル・フォンダトーレ1990は、創設者パオロ・ベルタに捧げられた逸品。バローロやバルベラダスティの極上ワイン用のぶどうの搾りかすを蒸溜し、小樽で19年3カ月間熟成。芳醇で琥珀色も美しい。ベルタのグラッパは大きく分けて、焦がした木樽で長期熟成させたものと、ステンレスタンクで5〜6カ月熟成の無色透明のものがある。

おもなラインナップ

ヴァルダヴィ・グラッパ・ディ・モスカート／アルコール度数40度／参考価格4725円　**ロッカニーヴォ・グラッパ・ディ・バルベラダスティ 2002**／アルコール度数45度／参考価格14175円　**トレ・ソーリ・トレ・グラッパ・ディ・バローロ 2001**／アルコール度数45度l／参考価格16800円（2011年6月現在、輸入元完売。近く入荷予定）　いずれも容量700ml　※価格はヴィンテージで異なる

POLI

ポーリ

グラッパ　ブランデー

高品質を守り続けて百十余年
ヴェネトを代表するグラッパ蒸溜所

ポーリ社は1898年創業のグラッパ・メーカー。グラッパの聖地バッサノ・デル・グラッパから南西へ十数kmのスキアヴォーンにある。創業者は手押し車に蒸溜器を載せ、家々を回ってぶどうの搾りかすを蒸溜していたという。その後、蒸溜所を設立し、現在は4代目ヤコポ氏が家族経営を続けている。ヤコポ・ポーリ・ヴェスパイオーロは、濃厚なヴェスパイオーロ種のぶどうの搾りかすを使用。昔ながらの銅製の大釜からなる蒸溜器を使い、非連続式蒸溜で造られる。蜂蜜や花の香り豊かで優美な味わい。

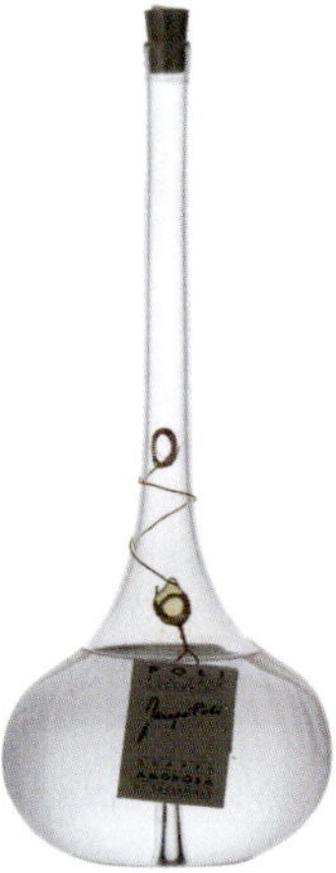

ヤコポ・ポーリ・ヴェスパイオーロ
アルコール度数40度
容量500ml
参考価格9345円

〔輸入元〕
㈲フードライナー

おもなラインナップ

サルパ・ディ・ポーリ
アルコール度数40度
容量700ml
参考価格4620円
ポ・ディ・ポーリ・モルヒダ（モスカート）
アルコール度数40度
容量700ml
参考価格5670円

ぶどう以外の
おもな果実蒸溜酒
Fruit Brandy

フルーツ・ブランデーの王様カルヴァドス

ぶどう以外を原料とするブランデーとしては、りんごが原料のカルヴァドス、さくらんぼが原料のキルシュワァッサー、プラムが原料のスリボビッツなどがあり、木いちごのフランボワーズや、洋梨のポワール・ウィリアムスを原料にしたものも多い。

なかでも有名なのが、フランスのノルマンディー地方で造られるカルヴァドス。この地域以外で造られるりんごのブランデーはアップル・ブランデーと呼ばれ、カルヴァドスとは区別されている。フランス国内には約100カ所のカルヴァドス蒸溜所があり、約400の銘柄がある。味はまろやかで香りが豊か。食後酒として飲むケースが多い。

最高級品はペイ・ドージュ地区産

カルヴァドスは原産地呼称統制（AOC）により、3つの名称に分かれている。カルヴァドス・ペイ・ドージュにはカルヴァドス県のほかオルヌ県とユール県の一部が含まれ、りんごの醸造酒を単式蒸溜器で蒸溜する。カルヴァドス・ドンフロンテはペイ・ドージュの南西部に当たり、単式蒸溜器または半連続式蒸溜器を使用。材料にはりんごの醸造酒のほか、洋梨の醸造酒も30%ブレンドされる。単にカルヴァドスと呼ばれる生産地区は9カ所あり、ドンフロンテに準じた製造方法。このうちペイ・ドージュ地区産が最高級品として評価されている。

黒い森で造られるチェリー・ブランデー

キルシュワァッサーは、ドイツのシュヴァルツヴァルト地方の特産品。さくらんぼを種子ごと潰して発酵させ、6週間ほど寝かせた後に蒸溜して2～4年熟成。アルコール度数は40～45度と強い。さくらんぼ香があり、通常は無色透明で甘みはないが、一部にほんのりと赤く甘いものもある。凍るほど冷やして飲んだり、菓子作りにも使われる。ただし、甘いさくらんぼのリキュールとは別物だ。混同しやすいので要注意。

フランス

Coeur de Lion

クールドリヨン

ブランデー　カルヴァドス

自家農園で育てた優良りんごと一貫生産の技術が生んだ本格派

カルヴァドスの名門メーカー、クリスチャン・ドルーアン社が誇る有名ブランド。同社は、りんごの優良生産地であるノルマンディー地方ペイ・ドージュ地区の中でも、特に優良地とされるフィエフ・サンタンヌに自社りんご園を所有。蒸溜から熟成、ブレンドまで、すべて自家生産している。味わいは濃厚でまろやか、かつりんごの風味が爽やか。ちなみに、クール・ド・リヨンとは「獅子の心」の意味。英国国王でノルマンディー公を兼ねたリチャード1世の愛称として知られる。

クール ド リヨン
セレクション
アルコール度数40度
容量700ml
参考価格OPEN

〔輸入元〕
㈱明治屋

おもなラインナップ

クール ド リヨン
ヴィンテージ各種
アルコール度数42度
容量700ml
参考価格18900～84000円

クール ド リヨン
ブランシュ ド ノルマンディ
アルコール度数40度
容量700ml
参考価格2934円

フランス

Boulard

ブラー

カルヴァドス　ブランデー

蒸溜所の敷地内に自社農園
上質のりんごを使った最高級品

ノルマンディー地方のペイ・ドージュ地区コカンヴィリエ町に1825年、ピエール・ブラーが設立。蒸溜所敷地内に豊かな土壌を持つ自社農園を有し、優良なりんごのみを使って原酒を製造する。グランソラージュは、オーク樽で3〜5年熟成したフレッシュな原酒を使用しており、フルーティな香りが特徴。カクテルベースとしても使われる。X.O.は、8〜40年熟成した原酒をブレンド。熟したりんごの濃密な香りとなめらかな口当たりが持ち味だ。

カルヴァドス ブラー グランソラージュ
アルコール度数40度
容量700ml
参考価格3800円(税別)

〔輸入元〕
サントリー

おもなラインナップ

カルヴァドス ブラー X.O.
アルコール度数40度
容量700ml
参考価格8400円(税別)

Père MAGLOIRE

ペール マグロワール

ブランデー　カルヴァドス

ノルマンディーでも有数の
歴史あるカルヴァドスの名門

ペール マグロワール
フィーヌ カルヴァドス
アルコール度数40度
容量700ml
参考価格3500円(税別)

〔輸入元〕
国分(株)

カルヴァドスの名産地ペイ・ドージュの中心部、ポン・レヴェックで1821年に創業。一帯はのどかな農村だが、同名のチーズと、このカルヴァドスでよく知られている。りんごの果樹園に囲まれた醸造蒸溜所はノルマンディーでも最大規模。生産量もトップクラスで、多彩なカルヴァドスを産み出している。りんご本来のフレッシュな風味を楽しむなら2年以上樽熟成したフィーヌ カルヴァドスを、より熟成感を味わいたいならV.S.O.P. ペイ ドージュやXO ペイ ドージュを。

おもなラインナップ

ペール マグロワール
V.S.O.P. ペイ ドージュ
アルコール度数40度
容量700ml
参考価格5000円(税別)

ペール マグロワール
XO ペイ ドージュ
アルコール度数40度
容量700ml
参考価格10000円(税別)

Pomme d'Eve

ポムドイヴ

カルヴァドス　ブランデー

りんごがボトルに丸ごと入った神秘的で愛らしいカルヴァドス

1937年にシードル製造会社として設立されたドメーヌ・ド・コクレル社が、カルヴァドスのメーカーに発展。ノルマンディー地方のりんごを厳選し、格式高いカルヴァドスを造っている。代表的な商品が、りんごがボトルの中に丸ごと入ったポム ドイヴ。実が小さいうちに空のボトルをくくりつけ、育ったら枝から切り離しカルヴァドスを注ぎ入れる。印象的な見た目はもとより、熟成カルヴァドスの豊かな風味に、1個ずつのりんごが個性を添え、人々を魅了している。

ポム ド イヴ
アルコール度数40度
容量600ml
参考価格7875円

〔輸入元〕
日本酒類販売㈱
（日本総代理店）

おもなラインナップ

カルヴァドス コッケレル フィーヌ
アルコール度数40度
容量700ml
参考価格3300円

ドイツ

3-Tannen

3-タンネン

ブランデー　キルシュワァッサー

可愛らしいボトルに大人の味わい フルーツを凝縮した奥深い蒸溜酒

3-タンネン ドイツ キルシュ
アルコール度数45度
容量700ml
参考価格4725円

〔輸入元〕
ドーバー洋酒貿易㈱

3は「ドライ」と発音。タンネンはモミの木の意。フルーツ・ブランデーのブランドとして世界的に有名で、特にドイツの特産品チェリー・ブランデーのキルシュワァッサーの人気が高い。3ータンネン ドイツ キルシュは厳選した完熟さくらんぼだけを使い、昔ながらの伝統蒸溜法で製造。1ℓ当たり最大12kgのさくらんぼが使われ、その風味は無色透明の液体から想像できないほど重厚で深い。ほかにもウィリアムス種の完熟洋梨を浸漬・蒸溜した3ータンネン ウィリアム ポアなど多彩。

おもなラインナップ

3-タンネン ウィリアム ポア
アルコール度数40度
容量700ml
参考価格4725円

ドイツ

SPECHT

シュペヒト

キルシュヴァッサー　ブランデー

フルーツの宝庫で造られる 洗練されたフルーツ・ブランデー

南ドイツのバイエルン州ロイテンバッハに1910年創業。シュペヒトはドイツ語で「キツツキ」を意味する。風光明媚な観光地として名高いシュヴァルツヴァルト（黒い森）に近く、一帯はフルーツの宝庫であることから、昔から上質のフルーツ・ブランデーが造られてきた。厳選されたさくらんぼを発酵・蒸溜・熟成させたキルシュヴァッサーは、すっきりしながらも芳醇な味わい。紫すもものブランデース、リヴォヴィッツも有名。洋梨や黄すもも、さらに木いちごもある。

キルシュヴァッサー
アルコール度数40度
容量700ml
参考価格7245円

〔輸入元〕
㈱ユニオンフード

おもなラインナップ

スリヴォヴィッツ
アルコール度数40度
容量700ml
参考価格5775円

ウィリアムス クリスト ビルネ（洋梨）
アルコール度数40度
容量700ml
参考価格7245円

ミラベレンヴァッサーレ（黄すもも）
アルコール度数40度
容量700ml
参考価格5775円

column コラム 4 4

——世界各地のブランデーあれこれ——

ブランデーといえば、とかくフランスがイメージされるが、ぶどうを主原料にした蒸溜酒は、世界各地で造られている。なかでも有名なのは、ぶどうの産地として知られる地中海のキプロスや、中東のアルメニアのブランデー。ギリシャのメタクサも伝統と品質を誇っている。忘れてならないのが、中南米のピスコ。ペルーとチリで広く親しまれており、いわば国民酒ともいうべき大きな存在となっている。

中南米のブランデー
Pisco ピスコ

ピスコは、ぶどう果肉を使った蒸溜酒。ペルーの法律では、ピスコと名乗れるのは「イカ県をはじめとするペルー海岸地域の5県で製造されたぶどうの蒸溜酒」のみと定められている。実際には、チリでも同様のぶどう蒸溜酒が造られ、ピスコと呼ばれている。

ペルーでは、スペイン人の入植にともなって16世紀からぶどう栽培が始まり、ワインの生産に続いて蒸溜酒生産が開始されたのは17世紀から。それをヨーロッパへ輸出する際に、港町ピスコから送り出したことが、ピスコの名の由来になったとされている。

製法は、甘みの強いぶどう果肉を搾って発酵させ、アルコール度数42度前後まで蒸溜。加水しないのがペルー流で、チリは少し異なる。木樽熟成はせず、伝統製法では蝋引きした素焼の瓶に寝かせる。無色透明に近く、芳醇でぶどうの香も豊か。ピスコに卵白とレモンを加えるピスコサワーも広く好まれている。

ジン
Gin

歴史と概要

ストレートでたしなむ通もいるが、一般的にはカクテルベースとして知られているスピリッツの一つがジン。また多くの蒸溜酒の中では、生まれ育ちがはっきりしている稀有な酒でもある。そしてどんな酒よりも波乱に富んだ歴史をたどったのもこのジンだ。

ジンといえば英国が有名だが、歴史をひもとくと実はオランダに行きつく。始まりは1660年。当時オランダの名門・ライデン大学の医学教授だったシルヴィウス博士が、植民地で猛威を振るっていた熱病の特効薬として開発したものなのだ。博士は、病原菌を体内から排出する利尿や解熱効果を研究した末、ライ麦を原料にして造ったアルコールにジュニパーベリー（ネズの実＝中国で古くから漢方の生薬として利用されていたもので、日本ではネズミサシとも呼ばれる）を浸透させて蒸溜する薬用酒を考案。これを商品化したところ、薬用効果に加え、それまでの酒とはひと味違う爽やかな味わいが受け、薬ではなく一般の酒類として一躍オランダを代表する蒸溜酒となる。

当時はジェネヴァと名づけられたこの酒が、ジンの名で呼ばれるのは英国で大いに飲まれるようになってから。ジェネヴァを縮めて呼んだものである。

ウイスキーはもとより、ブランデーといいジンといい、世界で多く飲まれている酒の名称が、英国で定着し広まったというのは面白い。英国が世界を席巻していた時代に、嗜好品としての酒類が集まったのだろうが、酒好きな国民だったともいえそうである。

さて、その英国でジンが愛飲されるのは、1689年に国王の座に就いたウイリアム3世が広めたことによる。同国王はもとはオランダ随一の貴族の出。イングランド王家の娘メアリーと結婚した後、議会によって追放されたジェームズ2世の後を襲ったもので、王位に就くと、オランダ時代に親しんでいたジェネヴァを国民に推奨。同時に英国での製造を奨励し、酒税を低くするなどの保護政策を実施した。「ビールよりも安価でうまい酒」として人気を博し、30年後には本家オランダの生産量を超えるほどに発展した。

ただし、安いことから飲みすぎて死に至る者が出たり、泥酔の果ての暴力沙汰が起きるなどの弊害が続出し、1736年に消費を抑えるため酒税の引き上げが行われた。しかし、密造された粗悪品が次々登場するに及んで、再び税率を下げると同時に、製品の質を高めさせる法律を施行。さらに1830年頃に連続式蒸溜器が導入され、それまでのものに比べドライなタイプが造られるようになり、格段に洗練されたジンが誕生する。

その後アメリカへ輸出されるが、ここで19世紀後半、スピリッツなどの酒に数種の飲み物を混ぜるカクテル（古代からあった飲み方だが、それを近代風にアレンジ）が流行。特にジンは果汁などを加えると、切れ味を残しながらあの独特なやに臭さが消えることから、ベースとして最も好まれる酒となる。マティーニ、ジン・トニック、ジン・フィズ、ホワイト・レディ、ギムレットなど絶品カクテルが次々と生み出された結果、カクテル作りの技とともに世界中に広がった。ジンを語るとき「オランダで生まれ、英国で洗練され、アメリカで栄光をつかんだ」という表現が使われるが、まさにジン歴史物語のキャッチフレーズとしてはぴったりである。

原料と製法

ジンの原料として使われるのは大麦麦芽やライ麦、トウモロコシなど。これらを糖化・発酵させたアルコールを蒸溜するが、この工程の際に、ジンの命ともいうべき香味が加わる。製造される地域によって異なり、香味のもととなるジュニパーベリーなどを最初から原料に混ぜる製法、発酵したアルコールに直接香味原料を加えて蒸溜する製法、また蒸溜により気化したアルコールを香味原料を入れた器にくぐらせる製法などがある。蒸溜も、オランダでは単式蒸溜器が使われ、それ以外では連続式蒸溜器を用いるなどの違いがある。さらに、蒸溜を2度行うものもある。

現在、ジンの種類としておもなものは、本家オランダの誕生以来の名称を守るジェネヴァ・ジン、英国で変化を遂げた（ロンドン・）ドライ・ジン、ドイツのシュタインヘーガー（ドイツ西部のヴェストファーレン州シュタインハーゲン町で18世紀に発祥）、フルーツや香草を香味づけにした柑橘系ジンで、アメリカに多いフレーバード・ジンの4つ。

このうちシュタインヘーガーはジュニパーベリーを発酵・蒸溜させたものと、大麦麦芽とトウモロコシなどを発酵・蒸溜したものをブレンドし再度蒸溜する。またジェネヴァ・ジンには、2度の蒸溜を経て短期間だが熟成を行うものもある。

ジェネヴァ・ジンはロックかストレートに適し、ドライ・ジンはカクテ

ルに合う。ドイツのシュタインヘーガーはちょうどその中間のタイプで、どちらの方法でも楽しめる。

　ところで、ジンはその個性の強さから、一度はまると抜け出せないともいわれる。英国貴族の出で、第二次世界大戦の頃首相を務めたウインストン・チャーチルもその一人。“カクテルの王様”と呼ばれるマティーニ（それもストレートに近いもの）を手放さなかったことは有名な話だ。また、『誰がために鐘は鳴る』『武器よさらば』『老人と海』などで知られる、アメリカが生んだノーベル賞作家ヘミングウェイは、従軍記者時代でさえジンとベルモットを携帯し、戦場で手作りのマティーニを飲んだそうだ。

英国

WILKINSON GIN

ウヰルキンソン ジン

ジン　ドライ・ジン

英国の伝統製法にこだわった 日本生まれの軽やかなドライ・ジン

ブランド名は、1889年兵庫県で天然の炭酸鉱泉を発見した英国人のクリフォード・ウィルキンソンに由来している。ウヰルキンソン ジンは、ニッカウヰスキーが日本でライセンス生産している。十数種類の薬草を厳選した原料から生まれた純度の高いスピリッツにオリジナルレシピで漬け込み、ジン蒸溜器で再溜するという伝統製法で、爽やかな香りでバランスのよい味わいを実現した。

ウヰルキンソン ジン 47.5°
アルコール度数47.5度
容量720ml
参考価格OPEN

〔製造元〕
ニッカウヰスキー㈱
〔発売元〕
アサヒビール㈱

おもなラインナップ

ウヰルキンソン ジン37°
アルコール度数37度
容量720ml
参考価格OPEN

＊ウヰルキンソン・ブランド名でウオッカも発売している。ウヰルキンソン ウオッカ50°（50度・720ml）、ウヰルキンソン ウオッカ40°（40度・720ml）

英国

LONDON HILL

ロンドン・ヒル

ドライ・ジン　ジン

創業当時からのレシピを継承
世界が認めた最も爽快なジン

1785年に誕生した、プレミアムなロンドン・ドライ・ジン。スコッチ・ウイスキーで知られるイアン・マクロード社が製造販売。世界的な権威「インターナショナル・ワイン&スピリッツ・コンペティション」で何度も金賞を受賞し、品質の高さには定評がある。創業以来のレシピは門外不出。12種類以上の天然ハーブとスパイスを使い、二重蒸溜による製法を守り続けている。爽やかな香味と、かすかに甘くキレのある味わいが特徴。ストレートはもちろん、カクテルにも好評だ。

ロンドン・ヒル
ドライ ジン
アルコール度数47度
容量700ml
参考価格2100円

〔輸入元〕
㈱明治屋

ひと口メモ

ロンドン・ヒルのボトルデザインは、数年前に大きく変更された。かつてのデザインは、薄緑色がかったガラス瓶に上品な白いラベル。古きよき時代を感じさせ、懐かしむ人も少なくない。アルコール度数も40度と今より低かった。まだ昔のボトルで紹介しているところもあるので、気をつけたい。

英国

PLYMOUTH

プリマス

ジン　ドライ・ジン

世界のバーテンダーにも愛される英国海軍御用達のドライ・ジン

イングランド南西部、英国海軍の基地があるプリマス港で、1793年に創業。海軍の上級士官に支給され、世界に広がった。現在英国で稼働しているジン蒸溜所の中で、最も古い蒸溜所として知られる。やわらかな口当たりと甘みは伝統製法ならでは。世界中のバーテンダーに支持されるイングリッシュ・ジンの象徴でもあり、カクテルのバイブル「サボイ　カクテルブック」にも数多く登場。ギブソンや、ドライ・マティーニのオリジナルレシピにも使われている。

プリマス ジン
アルコール度数41.2度
容量700ml
参考価格OPEN

〔輸入元〕
ペルノ・リカール・ジャパン㈱

ひと口メモ

私立探偵フィリップ・マーロウが愛したギムレットのオリジナルレシピには、プリマス ジンが指定されている。ちなみに、それに合わせるのは、ローズ社のコーディアル・ライムジュース。

英国

BOODLES

ブードルス

ドライ・ジン　ジン

命名はロンドンの紳士クラブから やわらかなスコットランド・ジン

ジンには珍しいスコットランド産。ただし名称は、1762年にロンドンのセントジェームスで設立された紳士クラブ「ブードルス・ジェントルマンズ・クラブ」に由来する。1845年に誕生したドライ・ジンで、口当たりはやわらか。グレーン・スピリッツに減圧蒸溜方式でボタニカル（植物性成分）を配合し香味づけする際、柑橘系を含まないことで甘み漂う清らかな味わいを生み出している。シーグラム社の創立者ブロンフマンがデザインしたとされているボトルも独特。

ブードルス ブリティッシュ ジン
アルコール度数45.2度
容量750ml
参考価格OPEN

〔輸入元〕
ペルノ・リカール・ジャパン㈱

ひとロメモ

スコットランド産のジンは多くはない。ブードルス以外に、日本で知られているのは、ヘンドリックス ジン HENDRICK'S GIN（アルコール度数44度・700ml）。バラの花びらときゅうりで香りづけをしているのがユニーク。スコッチ・ウイスキーのメーカーが造る個性派ジンだ。

英国

BEEFEATER

ビーフィーター

ジン　ドライ・ジン

ロンドン塔の近衛兵がシンボル
秘伝のレシピを持つドライ・ジン

ビーフィーター ジン
アルコール度数47度
容量700ml
参考価格1290円(税別)

〔輸入元〕
サントリー

1820年に薬剤師ジェームズ・バローがオリジナルレシピを考案。レシピは現在、マスター・ディスティラーのデズモンド・ペインに継承されている。ペイン自らが香りづけのボタニカル（植物性成分）類を選び、絶妙にブレンド。特徴は、キレのよい風味の中にある豊かな香りと味わい。ロンドン・ドライ・ジンの代表格として、ロンドン塔を守る近衛兵（ビーフィーター）をシンボルに掲げている。

おもなラインナップ

ビーフィーター ジン 40度
アルコール度数40度
容量700ml
参考価格1160円(税別)

英国

BOMBAY SAPPHIRE

ボンベイ サファイア

ドライ・ジン　ジン

ひときわ輝くサファイアのボトル 極限まで磨いたプレミアム・ジン

1761年以来のレシピに基づく製法で造られるプレミアムなロンドン・ドライ・ジン。穀物100%で造るグレーン・スピリッツを伝統的なカーターヘッド・スチルで何度も蒸溜を繰り返して極限まで磨き上げ、世界各地から厳選した10種類のボタニカル（植物性成分）の香り高い部分だけを吸収させる。その深く華やかで高貴な香りと味わいは、ボトルから注ぐだけで既にカクテルといってもいい。サファイアを思わせるペール・ブルーのボトルも人々を魅了してやまない。

ボンベイ サファイア
アルコール度数47度
容量750ml
参考価格2803円

〔輸入元〕
バカルディ ジャパン㈱

おもなラインナップ

ボンベイ ドライ ジン
アルコール度数40度
容量700ml
参考価格OPEN

英国

GOLDON

ゴードン

ジン　ドライ・ジン

ジン・トニックのベースとして有名 英国王室御用達の伝統を誇る

ゴードン
ロンドン ドライ ジン
40%
アルコール度数40度
容量700ml
参考価格OPEN

〔輸入元〕
キリンビール(株)

1769年にアレクサンダー・ゴードンがロンドンのテムズ河畔に蒸溜所を設立。ハーブと高品質なボタニカル（植物性成分）を主体とした当時のレシピは、現在も変わらず受け継がれている。1858年には世界で初めてジン・トニックを生み出し、今でもロンドンでは「G&T（ジン・トニック）」といえばゴードン&トニックを指すほど。ゴードン社は1898年にチャールズ・タンカレー社と合併し、社名をタンカレー・ゴードン社へ改名。英国王室御用達となり、約140カ国で愛されている。

おもなラインナップ

ゴードン ロンドン ドライ ジン
47.3%
アルコール度数47.3度
容量750ml
参考価格OPEN

英国

Tanqueray

タンカレー

ドライ・ジン　ジン

170年門外不出のレシピを守り 4回蒸溜でキレのある味わい

1830年、20歳のチャールズ・タンカレーが、最高の酒を造ろうとロンドンのブルームズバリーに蒸溜所を設立。4回蒸溜の製法で、洗練されたキレのある味わいを実現した。170年以上受け継がれているレシピは門外不出だ。ボトルは18世紀のロンドンの消火栓をモチーフにしたものとも、カクテル・シェーカーを模したものともいわれている。ナンバーテンは天然のボタニカル（植物性成分）を使用したスーパー・プレミアム・ジン。

タンカレー
ロンドン ドライ ジン
アルコール度数47.3度
容量750ml
参考価格OPEN

〔輸入元〕
キリンビール㈱

おもなラインナップ

タンカレー ナンバーテン
アルコール度数47.3度
容量750ml
参考価格OPEN

英国

HAYMAN'S

ヘイマン

ジン　オールド・トム・ジン

ビーフィーターの直系が送り出す復刻オールドトム・ジンに注目

ヘイマン
オールド トム ジン
アルコール度数40度
容量700ml
参考価格2940円

〔輸入元〕
㈱ジャパンインポートシステム

ビーフィーター・ジン創設者の曾孫クリストファー・ヘイマンが経営するヘイマン・ディスティラーズ社はプロ御用達のジン・メーカーとして名高いが、最も注目されているのが、オールド・トム・ジン。17～18世紀に爆発的な人気を誇った、飲みやすく糖分を加えたタイプのジンだ。先代からの秘伝を再現したというオールド・トムは、様々なボタニカル（植物性成分）と甘さが巧みに調和して飲みやすい。“ジンの生き字引”と呼ばれるクリストファー氏の集大成というロンドン・ドライも見逃せない。

おもなラインナップ

ヘイマン ロンドン ドライ ジン
アルコール度数40度
容量700ml
参考価格2940円

英国

SIPSMITH

シップスミス

ドライ・ジン　ジン

2009年創設の蒸溜所で造られる少量生産で高品質なドライ・ジン

2009年、ウェストロンドンのハマースミスに創業。蒸溜所の敷地はウイスキー評論家として名高い故マイケル・ジャクソン氏のオフィス跡地。銅製の超小型の蒸溜器を使用し、200本ほどのスモール・バッチ生産を行っている。ロンドンで銅製の蒸溜器が稼動したのは1820年以来という。10種類の厳選ボタニカル（植物性成分）を使用。伝統製法による少量生産だからこそ可能な高品質とドライな味わいが楽しめる。やはり少量生産の風味豊かなウオッカも話題。

シップスミス
ロンドン ドライ ジン
アルコール度数41.6度
容量700ml
参考価格4300円

〔輸入元〕
㈱ウィスク・イー

おもなラインナップ

シップスミス バーレー ウオッカ
アルコール度数40度
容量700ml
参考価格4000円

アメリカ

Seagram's GIN

シーグラム ジン

ジン　ドライ・ジン

柑橘系の香りが際立つ
アメリカのトップセラー・ジン

シーグラム ジン
アルコール度数40度
容量750ml
参考価格OPEN

〔輸入元〕
ペルノ・リカール・ジャパン㈱

アメリカにおけるジンのトップ・ブランド。1939年にカナダの蒸溜酒製造所シーグラム社から発売されたもので、現在はペルノ・リカール社が商標権を持つ。柑橘系の香りが際立ち、樽熟成に時間をかけたことによるなめらかな舌ざわりとやわらかな色合いが特徴だ。貝やヒトデ模様の凸凹のボトルデザインは、発売以来ほとんど変わっておらず、「ザ・スムース・ジン・イン・ザ・バンピー・ボトル」（バンピー＝凸凹の）というキャッチコピーで親しまれている。

ひと口メモ

シーグラム社といえば、日本ではキリンとの合弁会社キリンシーグラム(1972～2002年)が有名だったが、現在は解消。ただしシーグラム社のカナディアン・ウイスキー「シーグラムVO」と「クラウン ローヤル」(参照P96)は、引き続きキリンビールから発売されている。

オランダ

NOORD'S Genever

ノールド ジェネヴァ

ジェネヴァ・ジン　ジン

古式伝承技術で丹念に造られる重厚感漂うオランダの老舗のジン

　ジンの起源とされるジェネヴァ・ジンを代表するブランド。1674年創業の蒸溜所で、昔気質の職人たちによって生み出されている。大麦モルトにトウモロコシとライ麦を合わせ発酵・蒸溜し、ジュニパーベリー（ネズの実）と数種のスパイスを加えオーク樽で熟成。古来伝承の技術を重んじ、一本一本丹精込めて造られる。長期熟成のものには老熟した味わいに、モルトの香味、スパイスの香りが溶け合い、年代物のスコッチにも負けない重厚感がある。手造りのよさは、手書きのラベルにも表れている。

ノールド ジェネヴァ 15年
アルコール度数42度
容量700ml
参考価格10500円

〔輸入元〕
㈱ユニオンフード

おもなラインナップ

ジェネヴァ 20年
アルコール度数42度
容量700ml
参考価格21000円

ヤング・ジェネヴァ
アルコール度数38度
容量700ml
参考価格4200円

ドイツ

Schinken häger

シンケン ヘーガー

ジン　シュタインヘーガー

ハムを名前にしたシュタインヘーガー ユニークなボトルの絵柄も印象的

1860年創業の名門ハイト社が製造するドイツ特産のジン、シュタインヘーガーの2大ブランドの一つ。所在地はドイツ北部のエムス川沿いの古都ハーゼルンネ。シュタインヘーガー誕生の地シュタインハーゲンからは、北へ約130kmに位置する。生のジュニパーベリー（ネズの実）を発酵させて造るシュタインヘーガーはマイルドな味わい。名称のシンケンはドイツ語で「ハム」のこと。ジンのつまみにハムがよく食べられることに由来し、ラベルのハムや黒パンの絵柄も楽しい。

シンケン ヘーガー
アルコール度数38度
容量700ml
参考価格1950円(税別)

〔輸入元〕
ユニオンリカーズ㈱

ひと口メモ

ハイト社はリキュールの製造でも有名。ウオッカ・ベースのミント・リキュールであるクールパワーが人気を集めている。透明感のあるブルーも爽やか。

クールパワー
アルコール度数15度／容量700ml／参考価格1950円

ドイツ

Schlichte

シュリヒテ

シュタインヘーガー　ジン

18世紀のレシピを守り
田舎の地酒をドイツの特産ジンに

シュタインヘーガーのトップ・ブランド。ドイツ西部の小さな街シュタインハーゲンで造られていたものを、ドイツを代表するジンに発展させたのが、1863年創業のシュリヒテ社といわれている。今でも1776年に完成したレシピに忠実に、大麦を単式蒸溜器で2回蒸溜し、生のトスカーナ産ジュニパーベリー（ネズの実）の蒸溜液とスパイスを合わせてブレンド。やわらかな口当たりと香り、独特の旨みが生まれる。飲み方としては、ビールを飲む前にキュッと一杯がおすすめとか。

シュリヒテ
シュタインヘーガー
アルコール度数38度
容量700ml
参考価格2447円

〔輸入元〕
三菱食品㈱

ひと口メモ

シュリヒテのラインナップとして「シュリヒテ ウルブラント」（アルコール度数38度・容量700ml）があったが基本的に販売終了している。シュタインヘーガーの2回蒸溜に対し、3回蒸溜のクリアでまろやかな味わいが特徴だった。

——ジンとリキュールの深い関係——

スロージンという名のリキュール

ジンの定義はかなり幅が広く、ある一定までは、糖類を加えたり、様々な香りづけをしたりすることができる。紛らわしいのが、リキュールとの違い。なかでもSloe Gin（スロージン）と呼ばれるリキュールは、名前にジンとつくだけに、とかく間違えられやすい。

スロージンとは、スローベリーと呼ばれる西洋すももを使ったリキュールで、かつて英国の家庭でジンに漬け込んで造られていたことから、この名がついた。現在ではジンの大手のゴードン社などから発売されている。

世界最古の蒸溜会社ボルス

スロージンの製造では、オランダのボルス社も知られている。この会社は、本来がジンの酒造会社だから、よけいに紛らわしい。1575年にロッテルダム近郊で創業。現存する中では、世界で最も古い蒸溜会社とされている。17世紀にオランダで誕生したジンの創生期にも大きな役割を果たし、伝統的なジェネヴァ・ジンを造り続けてきた。それが、多種多様なリキュールの製造販売へと発展。現在、日本ではこのリキュールのほうがおもに発売されており、カラフルで斬新なデザインのボトルのラインナップで知られる。

デ・カイパー社

オランダの酒造会社でボルス社と並んで有名なのが、1695年創業のデ・カイパー社。ここもジェネヴァ・ジンの製造から発展して、様々なリキュールの製造販売を始め、世界へと躍進。現在、製品は世界100カ国以上に輸出されている。1995年にはオランダ女王から「ロイヤル・ディスティラリー」の称号を与えられ、その際には300周年記念のジェネヴァ・ジンを発売した。日本ではリキュール・メーカーのイメージが強いが、根底にはオランダのジェネヴァ・ジンの伝統が流れている。

ウオッカ

Vodka

歴史と概要

ロシアを代表するスピリッツで、帝政時代には皇帝にも愛されたといい、まさに国民酒として発展した。ただし起源は定かでなく、12世紀頃に農民の間で飲まれていた地酒説や、ポーランドでさらに古く発祥したという説もある。東欧から北欧にかけて広く造られており、ヨーロッパではウイスキー、ブランデーに肩を並べる蒸溜酒である。

当初はライ麦などを糖化・発酵・蒸溜させるだけだったが、19世紀初頭に白樺の活性炭を使い濾過する製法が、19世紀後半には連続式蒸溜器が導入されるなど技術革新が進んだ。また、トウモロコシやジャガイモが伝わり、これらも原料としたことから「クセが少なく、すっきりとした味わい」の今日のようなウオッカが完成したといわれる。

この酒が世界に広まるのは、1917年のロシア革命が契機。蒸溜所を経営していた白系ロシア人たちが、亡命先のフランスやアメリカでウオッカ造りを再開したことによる。特にアメリカは、禁酒法が解除された時期で、新たに出現したウオッカ人気が一気に高まる。併せてカクテルが流行したことで、ベースに合う酒としても好まれるようになった。現在では、本家ロシアを抑えて生産量世界一だ。また日本でも、ロシア革命を逃れた亡命ロシア人の手で製造が始まる。草分けメーカーはすでにないが、現在でも数社が国内で製造を行っている。

ちなみにこの酒は、古くはロシア語で「ジーズナヤ・ヴァダー(命の水)」と呼ばれた。この「ヴァダー」が「ウオッカ」に変化したのだ。

原料と製法

発祥の頃のウオッカはライ麦のほか糖蜜が原料だったようだが、やがて小麦、大麦、その他の穀物も使われるようになり、18世紀にはトウモロコシやジャガイモが加わる。さらに牛乳や果物、甜菜(ビート)、サトウキビなどを使用するものもあり、スピリッツの中では、日本の焼酎と同じく様々な個性を持つ酒として人気がある。種類としては、通常の工程で造られるレギュラー・タイプと、フルーツや草根木皮など様々な香りを加えたフレーバード・ウオッカに大別される。フレーバード・ウオッカは多種多彩で、最も有名なのがポーランドのズブロッカ草を香りづけにしたズブロッカ。このほか、りんごや梨の新芽、レモンの果皮、オレンジ、さらにはジンに不可欠なジュニパーベリー（ネズの実）やブランデーを香味づけに使うこともある。

さて製法だが、糖化・発酵・蒸溜までの過程はほかのスピリッツと大きな違いはないが、蒸溜で抽出したアルコールに水を加えて度数を40～60度にまで下げた後、白樺やアカシアの活性炭で濾過する工程が、ほかにはない特徴だ。濾過することによってまろやかな味わいが生まれるという。また、複数回の蒸溜や濾過を行うものも少なくない。多くは濾過後瓶詰めされるが、ドイツやポーランドなどでは蒸溜後に樫の樽で半年間熟成させるものもある。

アメリカをはじめ多くの国ではカクテル（スクリュー・ドライバー、ソルティ・ドッグなど）ベースとして親しまれるウオッカも、本家ロシアでは、冷やしてストレートで楽しむことが多い。

本書では、本家ロシア、世界一の消費量を誇るアメリカ、発祥地説もあるポーランド、同じく古い歴史を持つ北ヨーロッパ、それぞれのウオッカを紹介している。

余談ながら、2007年の日本ダービーでは64年ぶりに牝馬が優勝し話題を呼んだが、その馬名が「ウオッカ」。熱狂的な競馬ファンたちが、こぞってウオッカで祝杯を上げたとか……。

ロシア

STOLICHNAYA

ストリチナヤ

ウオッカ

キャビアに実によく合う
モスクワ生まれのウオッカ

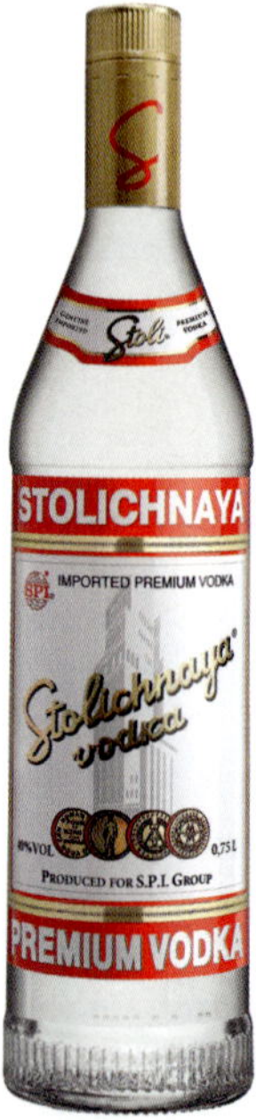

ストリチナヤとはロシア語で「首都の」の意味。名前のとおり1901年にモスクワで誕生したもので、当時のホテル・モスクワをモチーフにした建物が描かれているボトルのラベルにその歴史が反映されている。原料には、自社農場で栽培された大麦とライ麦を使用。純度の高いアルチザンの井戸水で仕込み、連続式蒸溜器を使って蒸溜、石英砂と白樺炭で濾過して造られている。なめらかな口当たりと澄んだ味わいがあり、冷凍庫でキンキンに冷やし、ストレートやロックで飲むのが定番だ。

ストリチナヤ ウオッカ 40°
アルコール度数40度
容量750ml
参考価格OPEN

〔輸入元〕
アサヒビール(株)

おもなラインナップ

ストリチナヤ シトラス
アルコール度数37.5度
容量750ml
参考価格OPEN

ストリチナヤ オレンジ
アルコール度数37.5度
容量750ml
参考価格OPEN

ロシア

SMIRNOFF

スミノフ

ウオッカ

ロシア皇帝御用達の栄誉を受け世界中で人気の正統派ウオッカ

1864年、ピョートル・A・スミノフによって誕生。時のロシア皇帝アレクサンダー3世に質の高さが評価され、皇帝御用達となった。その後、世界各国で広く認められ、プレミアム・スピリッツ販売量では世界No. 1となっている。代表銘柄のNo.21は、無色透明でクリアな味わいがカクテルに好評。アルコール度数の高いブルーや、まろやかで豊かなテイストのブラックは、ストレートやロックでもおすすめ。

スミノフ No.21
アルコール度数40度
容量750ml
参考価格OPEN

〔輸入元〕
キリンビール(株)

おもなラインナップ

スミノフ ブルー
アルコール度数50度
容量750ml
参考価格OPEN

スミノフ ブラック
アルコール度数40度
容量700ml
参考価格OPEN

スウェーデン

ABSOLUT

アブソルート

ウオッカ

一元製造・一元管理で造られる
プレミアムなスウェーデン産ウオッカ

アブソルート ウオッカ
アルコール度数40度
容量750ml
参考価格OPEN

〔輸入元〕
ペルノ・リカール・ジャパン㈱

15世紀に始まったスウェーデンのウオッカの歴史を受け継ぎ、1879年に南スウェーデンのオフスの蒸溜所で誕生。以来、原料をはじめ、すべてをオフスで一元製造・一元管理。連続式蒸溜法によって不純物を濾過した、リッチでなめらかな味わいと、芳醇なフルボディ・テイストが特徴だ。1979年に薬瓶のような独特のボトルで米国に進出し、一躍人気となった。レモンやライムの香りのシトロンや、カシスが香るカラント、スパイシーなペッパーなど種類も豊富。

おもなラインナップ

アブソルート シトロン
アルコール度数40度
容量750ml
参考価格OPEN

アブソルート カラント
アルコール度数40度
容量750ml
参考価格OPEN

フィンランド

FINLANDIA

フィンランディア

ウオッカ

北欧フィンランドの名を冠した
氷河を思わせる清冽なウオッカ

フィンランドの美しい自然環境の中で生み出されるプレミアムなウオッカ。白夜の穏やかな陽光を浴びて育った六条大麦を100%原料に使用。1万年以上の太古から積み重ねらた氷堆石によって濾過された天然氷河水で仕込み、200以上の工程を踏む伝統的な蒸溜技術で、清冽でキレの良い味わいを獲得した。冷やすといっそう味が冴え、清々しいカクテルにも好評。氷と氷河をイメージしたボトルも魅力的で、100カ国以上で愛飲されている。

フィンランディア
アルコール度数40度
容量700ml
参考価格1640円(税別)

〔輸入元〕
サントリー

ひとロメモ

フィンランド語でウオッカはvotkaヴォトカ。地元で人気の銘柄には、Koskenkorvaコスケンコルバ(アルコール度数60度)がある。

ZUBROWKA

ズブロッカ

ウオッカ

世界遺産の森の香草を浸け込む緑の香りのフレーバード・ウオッカ

ズブロッカ
アルコール度数40度
容量700ml
参考価格1580円

〔輸入元〕
リードオフジャパン㈱

100年以上の歴史を持つポーランドの有名ブランドで、日本での人気も高い。製造元のポルモス・ビアリストック社では、世界遺産「ビアウォヴィエジャの森」でしか自生しないとされるズブロッカ草（別名バイソングラス）と呼ばれる草から抽出したエキスを使用している。ほんのりオリーブ色に染まったズブロッカのいちばんの特徴は、森を思わせる香り。ボトルにまで1本ずつ草が手詰めされているのも人気の一因。アルコール度数を上げたプロは切れ味抜群だ。

おもなラインナップ

ズブロッカ プロ
アルコール度数52度
容量500ml
参考価格1380円

ポーランド

ABSOLWENT

アブソルベント

ウオッカ

ポーランドNo.1シェアを誇る 雑味のないピュアなスピリッツ

1995年に誕生したブランドで、誕生から2年後にはポーランドの700以上のウオッカ・ブランドの中で売上No.1になり、その地位は現在も不変。プレミアム ウオッカのほか、ハーブの香り豊かなプレミアム ジンも販売している。いずれもライ麦を原料に、7回の蒸溜を経て不純物を極限まで取り除いたピュアなスピリッツ。二日酔いの元となるアルデヒドやメタノールの残留0という研究結果を持つ（2009年ワルシャワバイオテクノロジー研究所調べ）一品だ。

アブソルベント プレミアム ウオッカ
アルコール度数40度
容量700ml
参考価格950円

〔輸入元〕
リードオフジャパン㈱

おもなラインナップ

アブソルベント プレミアム ジン
アルコール度数40度
容量700ml
参考価格950円

ポーランド

WYBOROWA

ビボロワ

ウオッカ

極めて美しいという名を持つ
世界で高評価のポーランド・ウオッカ

独創的なボトルが印象的な、ポーランドを代表するウオッカ。美しい香水瓶にも似た形状は、2004年の米国での発売時に、世界的な建築家フランク・ゲーリーがデザインした。味の方も数々の国際的なコンテストで高評価を得ている。ビボロワとはポーランド語で「究極の」「特別の」といった最大級の賛辞を表す言葉で、コンテストで審査員がそう叫んだという逸話が残る。原料はライ麦100%。さらりとした舌ざわりながら、穀物の重厚感を残す上質な味わい。

ビボロワ
エクスクイジット
アルコール度数40度
容量700ml
参考価格3780円

〔輸入元〕
ペルノ・リカール・ジャパン㈱

ひと口メモ

ビボロワは2種類ある？　そんな誤解を生んでいるのがラベルの変更。2007年、ボトルの形はそのままに、『WYBOROWA SINGLE ESTATE（シングルエステート）』から『WYBOROWA EXQUISITE』に変わったのだ。EXQUISITEは「絶妙」を意味する英語で、米国での販売を意識しての変更といわれている。もちろん中身は変わらない。

ポーランド

BELVEDERE

ベルヴェデール

ウオッカ

ウオッカ発祥の地で誕生した本格派 NYセレブに人気の洗練スピリッツ

ラグジュアリー・ウオッカとうたっているように、従来のイメージを変えるような洗練されたウオッカ。ポーランドで誕生し、アメリカ上陸後ニューヨークのセレブたちの間で人気を博した。最高級ライ麦1種類のみを原料に、硬度0になるまで精製した超軟水を使用。4回の蒸溜と33回の品質管理検査を重ねて造られる。口当たりなめらかで甘みほのか。かすかにバニラのような香りがするのも独特で、カクテルにもいいが、キリッと冷やしてストレートで飲むのが一番のおすすめ。名称はベルヴェデール宮殿に因み、ラベルの繊細な絵も美しい。

ベルヴェデール ウオッカ
アルコール度数40度
容量700ml
参考価格4200円(税別)

〔輸入元〕
MHD モエ ヘネシー ディアジオ㈱

column　コラム 6　6

——注目のバルト三国のウオッカ——

バルト海に面し北からエストニア、ラトヴィア、リトアニアと並ぶバルト三国は、いずれもウオッカがよく飲まれている地域。独自のウオッカも造られている。残念ながらラトヴィア産のウオッカの情報は少なく、日本で味わうのは難しいが、エストニアとリトアニア産は、それぞれに個性を持ち、愛好家の間で注目されている。

良質の小麦と天然水を生かしたエストニアのウオッカ

VIRU VALGE

ヴィル ヴァルゲ

バルト三国で最も北に位置し、ロシアはもちろん北欧との関係も深いエストニアは、ウオッカの故郷の一つとされる。1898年に創業し1996年までアルコールを専売していたリビコ社の「ヴィル ヴァルゲ」は、国を代表する銘酒だ。最高級小麦100%とミネラル豊富な天然水を原料に、なめらかですっきりした味わい。

ヴィル ヴァルゲ ウオッカ

アルコール度数40度／容量700ml

ウオッカのイメージを覆すリトアニアのウオッカ

SAMANE

サマネ

もともとはリトアニアの各家庭で受け継がれてきた伝統酒。1998年にアリタ社が正式に量産を開始。ライ麦100%を原料に伝統製法で造られ、ほのかに焼き立てパンの香りがするのが特徴だ。普通のウオッカとは異なる製法やふくよかな飲み口から"リトアニアの焼酎"の異名を持つ。オークチップとともに熟成させたアズリオン サマネは芳醇でまろやか。上質のウイスキーを思わせる。

アズリオン サマネ

アルコール度数50度／容量500m

ラム

Rum

歴史と概要

世界のほとんどの蒸溜酒は、もともと土地で育つ穀類や果物などを原料に、多くが自然発生的、あるいは偶然に生まれた。唯一ジンは薬用として意識的に造られたものだが、それでも原料や香料はもとからあったライ麦やジュニパーベリー（ネズの実）である。そんな蒸溜酒の世界で、特異な誕生秘話を持つのがラムだ。

カリブ海の島々（西インド諸島）や中米、南米北部で造られるこの酒は、サトウキビを原料とするが、これらの地域にはもともとサトウキビはなかった。この地を16世紀頃から植民地として支配した西欧諸国の思惑で持ち込まれ、ラムが生まれるのである。

持ち込んだ理由が悲しい。宗主国に利益をもたらす目的でサトウキビを栽培。その労働力としてアフリカから奴隷を移住させるが、奴隷売買の資金にしたのが、サトウキビからできるラム酒だったというのだ。人を救うための「命の水」と呼ばれた他の多くの蒸溜酒に比べ、少々重い歴史である。ただし、ラムの語源は「ランバリオン（乱痴気騒ぎ）」とか。ラテン系のノリ、開放的な雰囲気を感じさせる命名に、わずかだが救われる気がしないでもないが……。

さて、ラムが生まれたのは17世紀頃。製法を導入した起源はスペイン人説、英国人説などいくつかあり定かではないが、18世紀にはヨーロッパに広まったようだ。同時に西インド諸島で始まったラム製造は周辺国に伝播していった。ヨーロッパでは特に英国海軍の常備酒となり、なかでも機関室の兵たちを鼓舞するために大きな役割を果たしたという。

原料と製法

前述のようにラムはサトウキビが原料。ヨーロッパの蒸溜酒製法がベースということもあり、製造工程はそれらとほとんど変わらない。ただし、各島（当時は各植民地）では宗主国（英国、フランス、スペイン）の製造技術によって若干の違いがあり、それが現在の種類の違いとなっている。色合いと風味によってそれぞれ3種類に分けられるのが一般的で、色ではホワイト・ラム、ゴールド・ラム、ダーク・ラム、風味ではライト・ラム、ミディアム・ラム、ヘビー・ラムとなる。

まず色だが、ホワイトは無色透明、ゴールドはホワイト・ラムにカラメルなどで色づけしたもの。ダークは樽で熟成したものだが、さらにカラメルで色づけし褐色に仕上げたものも多い。風味では、連続式蒸溜器が使われるようになった19世紀後半から登場するライトは、軽い芳香が特徴。短期間樽熟成することでゴールド・ラムに、蒸溜後活性炭で濾過すればホワイト・ラムになる。ミディアムは、フランスの植民地で生産されたタイプで中間的な香り。ライト・ラムとヘビー・ラムをブレンドすることが多く、色は様々だ。ヘビーは文字どおり強い芳香が特徴。樽熟成の年数の長いものがダーク・ラムとなるが、さらにカラメルで着色するものもある。

ところでラムといえば、最近の人気映画『パイレーツ・オブ・カリビアン』シリーズ（初作は2003年）で、ジョニー・デップ演じる海賊船の船長はじめ船乗りたちが、何度となくラムをあおるシーンが登場する。前述の英国海軍が常備酒としたように、当時の船乗りには欠かせない酒だったようだ。この映画のおかげで、英国では一大ラムブームが起こり、3割も消費が増えたという。ちなみに日本では微増とか。

BACARDI
バカルディ

ラム

幸運の印のコウモリをロゴに
世界で最も知られたNo.1ラム

バカルディ
スペリオール(ホワイト)
アルコール度数40度
容量750ml
参考価格1462円

〔輸入元〕
バカルディ ジャパン㈱

コウモリのロゴで知られるバカルディは、世界No.1ラムとして有名。19世紀後半、スペインからキューバに移住したワイン商ドン・ファクンド・バカルディが、ラムの品質を高めることに生涯を捧げ、洗練されたまろやかな味わいの実現に成功した。以来、スムーズなフレーバーは他の追随を許さず、国際ブランドへと成長。カクテルのベースに欠かせないスペリオールはもちろん、熟成が深い甘みを生むゴールドや、強烈な151など個性的なラインナップが揃う。

おもなラインナップ

バカルディ ゴールド(オロ)/アルコール度数40度/参考価格1462円 **バカルディ 151**/アルコール度数75.5度/参考価格2584円 **バカルディ ブラック**/アルコール度数37.5度/参考価格1462円 **バカルディ エイト**/アルコール度数40度/参考価格2782円 いずれも容量750ml **バカルディ リモン**/アルコール度数35度/容量700ml/参考価格OPEN

ジャマイカ

MYERS'S RUM

マイヤーズ ラム

ラム

華やかな香りと豊かな甘み
親しみやすいダーク・ラム

日本において最も親しまれているダーク・ラムといえば、このマイヤーズだろう。1879年、ジャマイカの砂糖農園主フレット・ルイス・マイヤーズがラム造りを開始。厳選した20種類の原酒を、ホワイトオークの大樽に詰めて4年間熟成させた後、秘蔵の技術でブレンドしている。華やかな香りと芳醇な甘みがあり、洋菓子の材料にも使われる。一方、近年登場のプラチナ ホワイトは、ライトなホワイト・ラム。熟成させた原酒を丹念に濾過した、なめらかな口当たりが持ち味だ。

マイヤーズ ラム
オリジナルダーク
アルコール度数40度
容量700ml
参考価格OPEN

〔輸入元〕
キリンビール㈱

おもなラインナップ

マイヤーズ ラム
プラチナホワイト
アルコール度数40度
容量750ml
参考価格OPEN

ジャマイカ

APPLETON

アプルトン

ラム

豊かなサトウキビ畑から生まれる
ジャマイカ最古参の伝統派ラム

アプルトン 12年
アルコール度数43度
容量750ml
参考価格4200円

〔輸入元〕
リードオフジャパン(株)

ジャマイカのラム酒文化を支えてきたJ.レイ＆ネフュー社（1825年創業）の代表ブランド。ジャマイカ南海岸に、英国出身のジョン・アプルトンが農園を開拓したのが始まりで、アプルトン農園の良質のサトウキビと、純度の高い天然水を使って造られている。伝統的なポットスチル方式で蒸溜し、オーク樽で熟成するダーク・ラムは、芳醇な味わい。特に12年は年代物のコニャックやモルト・スコッチにも匹敵と評されている。一方でホワイトはカクテル・ベースとして広く使われている。

おもなラインナップ

アプルトン ホワイト
アルコール度数40度
容量750ml
参考価格1890円
アプルトン ゴールド
アルコール度数40度
容量750ml
参考価格2100円
アプルトン 5年
アルコール度数40度
容量750ml
参考価格2625円

マルティニーク

Clément

クレマン

ラム

世界に知られたマルティニーク産 サトウキビの旨み濃厚な AOC ラム

カリブ海に浮かぶフランス海外県マルティニーク島で生産され、AOC（原産地呼称統制）に格付けされたラムの一つ。国際的なコンクールでの評価も高い。1887年の創業以来、サトウキビの搾り汁100%を発酵させ、連続式蒸溜器で蒸溜する、伝統的なアグリコール製法を守ることで、純度が高くサトウキビの旨みと香りが濃縮されたラムができ上がる。なめらかでとろけるような舌ざわりと、熟成期間によってココアやスパイス、ドライフルーツなど様々な香りが現れるのも魅力。

クレマン
オールド ラム VSOP
アルコール度数40度
容量700ml
参考価格6300円

〔輸入元〕
日本酒類販売㈱
（日本総代理店）

おもなラインナップ

クレマン オールド ラム 10年
アルコール度数54度
容量700ml
参考価格11025円

マルティニーク

Trois Rivières

トロワ リビエール

ラム

アグリコール製法で風味豊か
人気のフレンチ・クレオール・ラム

カリブ海に浮かぶフランス領マルティニーク島のラムで、フレンチ・クレオール・ラムと呼ばれる一本。AOC（原産地呼称統制）規定のアグリコール製法（搾ったサトウキビ液を発酵させ蒸溜する製法）で造られ、香りや味の深みは、コニャックやシングルモルトにも比類する。トロワ・リビエールの名はフランス語で「3本の川」を意味し、120haの広大な自社農園を流れる川に由来する。ブランは優雅な芳香のホワイト・ラム。熟成ラムは、繊細で複雑な香りと力強い味わいが特徴だ。

トロワ リビエール
ブラン
アルコール度数50度
容量700ml
参考価格3045円

〔輸入元〕
㈱ジャパンインポートシステム

おもなラインナップ

トロワ リビエール 5年
アルコール度数40度
容量700ml
参考価格6195円

トロワ リビエール
ミレジム 1999
アルコール度数42度
容量700ml
参考価格OPEN

マルティニーク

DILLON

ディロン

ラム

ラムを越えたラムと賞賛される
フランスの伝統と品格を湛えた逸品

マルティニーク島でも最も古い歴史を持つ蒸溜所の一つ、ディロン蒸溜所は、約300年前にフランス貴族が広大なサトウキビのプランテーションを開いたのが始まり。その後、歴史の荒波に揉まれながら盛衰し、1967年にボルドーの名門酒造会社バーディネー社によって再興した。サトウキビの純粋な糖液を使うアグリコール製法で造られるAOC（原産地呼称統制）ラムの品質は最高級だ。蒸溜後、オーク樽で長期熟成させた、品格ある重厚な味わいは、まさにコニャックのようとも評される。

ディロン
トレ ヴュー ラム
アルコール度数43度
容量700ml
参考価格4271円

〔輸入元〕
ドーバー洋酒貿易㈱

ひと口メモ

バーディネー社は「ネグリタラム」も有名。ディロンほか西インド諸島で蒸溜されたラム原酒をフランス・ボルドーで熟成、ブレンド。菓子用としての人気が高い。ラインナップに「ネグリタラム44°」はじめ「37°」「40°」「ダブルアローム54°」などがある。

キューバ

Havana Club

ハバナ クラブ

ラム

百数十年の伝統を受け継いだ
キューバン・ラムの最高峰

蒸溜所は1878年創業。後に国有化されているが、土地、職人、製造法、環境などを受け継ぐ。現在では生粋のキューバのラムとして稀少な存在で、甘くフルーティな芳香とすっきりしたのど越しが特徴だ。アネホブランコは2年以上樽熟成させた伝統的なホワイト・ラムで、カクテルに好評。7年などダーク・ラムはストレートやロックで。ラベルにデザインされている像は、ハバナ港入り口に立っているヒラルディアのブロンズ像。帰らぬ水兵の夫を待ち続けた伝説の女性という。

ハバナ クラブ
アネホ ブランコ
アルコール度数40度
容量750ml
参考価格1365円

〔輸入元〕
ペルノ・リカール・ジャパン㈱

おもなラインナップ

ハバナ クラブ 3年
アルコール度数40度
容量750ml
参考価格1470円

プエルトリコ

RONRICO

ロンリコ

ラム

禁酒法時代も製造を許された正統派のカリビアン・ラム

カリビアン・ラムの代表格。1860年、アメリカ自治領だった頃のプエルトリコに設立された蒸溜所で、禁酒法時代にも唯一製造を許されていたことでも知られる。ロンリコとは、スペイン語で「リッチな味わいのラム」の意味。正統派のドライな味が特徴だ。151は、アルコール度数が高く、強烈なインパクトがある。ゴールドはなめらかな口当たりで、レモンやライムを添えたオン・ザ・ロックもいい。ホワイトはすっきりとしてカクテルにも好適だ。

ロンリコ 151
アルコール度数75.5度
容量700ml
参考価格OPEN

〔輸入元〕
アサヒビール㈱

おもなラインナップ

ロンリコ ホワイト 40°
アルコール度数40度
容量700 ml
参考価格OPEN

ロンリコ ゴールド 40°
アルコール度数40度
容量700 ml
参考価格OPEN

ベネズエラ

Santa Teresa

サンタ テレサ

ラム

200年以上の歴史を持つ糖蜜を原料にした贅沢なラム

パンペロ、カシケと並ぶベネズエラのラムの3大ブランドの一つ。首都カラカスから南西約80kmのエル・コンホセ町に1796年創業。同社のラムは砂糖の結晶を分解した後の糖蜜が原料。蒸溜後は、オーク樽で熟成させた原酒をブレンド。なめらかな口当たりと樽熟成によるウッディーな香りを楽しめるグラン レゼレバ、バニラのような香りですっきりした口当たりのクラーロ、長期熟成原酒をブレンドした1796など、いずれも名品と呼ばれる銘柄が揃っている。

サンタ テレサ 1796
アルコール度数40度
容量700ml
参考価格4400円(税別)

〔輸入元〕
サントリー

おもなラインナップ

サンタ テレサ クラーロ
アルコール度数40度
容量700ml
参考価格1730円(税別)

サンタ テレサ グラン レゼレバ
アルコール度数40度
容量700ml
参考価格2200円(税別)

Ron Zacapa

ロン サカパ

グアテマラの雲の上で熟成される
ラムのイメージを覆す豊かな風味

古代マヤ文明が栄えた中米グアテマラ。そのサカパ市の創立100周年を記念して造られた極上のラム。金色に輝くコニャックのような色合い、とろりとやさしい口当たり、甘く華やかな味わいは、ラム酒のイメージを覆すと賞賛されている。サトウキビの一番搾りのみを濃縮したヴァージン・シュガー・ケイン・ハニーだけを丁寧に蒸溜し、できた原酒は海抜2300mの高地に運ばれ熟成される。さらに何度か樽を移しかえて熟成を重ねるのが豊かな風味の秘密。ボトルにはマヤの末裔がヤシの葉を手編みした伝統工芸品ペタテが巻かれ、民族の誇りを添える。

ロン サカパ 23
アルコール度数40度
容量750ml
参考価格5400円(税別)

〔輸入元〕
MHD モエ ヘネシー
ディアジオ㈱

おもなラインナップ

ロン サカパ XO
アルコール度数40度
容量750ml
参考価格13000円(税別)

——日本のラム酒——

奄美群島のサトウキビ蒸溜酒

サトウキビから造られる蒸溜酒といえば、日本では奄美の黒糖焼酎が有名。ラム酒との違いは、原料にサトウキビの搾り汁や糖蜜ではなく黒糖を用いて、米麹で発酵させる点だが、もともとは米麹を使わず、ラム酒と同様の造り方をしていたという。

日本でもラム酒を復活させようという動きがあり、1979年、奄美群島・徳之島の高岡醸造から戦後の国産ラム第一号とされる「ルリカケス」が発売された。サトウキビのみを原料に3回蒸溜でできた原酒をオーク樽で熟成した本格的なゴールド・ラムと評価は高い。

小笠原の村おこしに復活

小笠原諸島もラム酒と関わりが深い。1830年代には欧米系定住者が捕鯨船とラム酒の取り引きを行っていた。その後、サトウキビの製糖が盛んになると、後に残る廃糖蜜を利用した蜜酒造りが盛んに行われた。敗戦による米国占領を経て日本返還後には、村おこしの一環として小笠原ラム・リキュール㈱を設立。1992年からホワイト・ラムを発売している。

2004年には南大東島でベンチャー企業㈱グレイスラムが誕生し、ホワイト・ラム「コルコル」を発売した。名護市の大手ヘリオス酒造もホワイト・ラムを発売している。

テキーラ
Tequila

歴史と概要

スペインから蒸溜法が伝わって生まれたのがテキーラだ。メキシコにはもともと3世紀に始まったといわれる竜舌蘭の搾り汁（プルケ）を原料にした醸造酒があり、それを蒸溜した酒はメスカルと呼ばれ、16世紀には製造の記録も残る。それがテキーラの名で知られるようになったのは、18世紀にハリスコ州テキーラ村で造られたものが特に優れ、「メスカルといえばテキーラ産」と評判になったことから。その後19世紀にヨーロッパに広まるが、世界が注目するようになったのは、1968年のメキシコオリンピック以後だ。カクテルベースとしても好まれている。ちなみにメスカルはメキシコ各地で造られており、現在ではハリスコ州が認定したもののみがテキーラと呼ばれる。

原料と製法

原料は竜舌蘭。メキシコには130余種の竜舌蘭があるが、うち酒の原料となるのは数種類。その中でアガヴェ・アスル・テキラーナという品種を原料（ただしハリスコ州など5州で栽培されたものに限る）にして、ハリスコ州内の蒸溜所で（例外的に州外に2カ所）造られたものをテキーラと呼ぶ。製法では2回以上の蒸溜を経て、抽出したアルコールに加水し、35～55度で商品化することが条件で、ほとんどが40度前後で出荷される。アガヴェ・アスル・テキラーナを51%以上使用（残りはグリセリンや木の抽出物、ハイビスカスなどを香りづけに加えるものも多い）すればテキーラと名乗れるが、100%使ったものはピュア・テキーラと呼ばれる。さらに熟成の違いで、ブランコ（熟成せず透明のまま瓶詰め）、レポサド（最低60日以上熟成したもの）、アホネ（最低1年以上熟成したもの）、エキストラ・アホネ（最低3年以上熟成したもの）の4種類がある。

竜舌蘭《りゅうぜつらん》
Agave

メキシコ

Jose Cuervo

ホセ クエルボ

テキーラ

歴史を秘めたカラスのシンボル 樽熟成が生み出すNo.1テキーラ

ホセ・クエルボの名は、創業者ホセ・アントニオ・クエルボから。1795年、ハリスコ州のラ・ロヘーニャ醸造所でテキーラの製造と販売を開始。文字が読めない人々のためにカラス（スペイン語でクエルボ）の絵をラベルに貼り、ブランドのシンボルとした。自家農園のアガヴェ畑を所有、現在も手摘みによる収穫が行われている。なかでも1800アネホは、原料にブルーアガヴェを100%使用した最高級品。オーク樽で1年半以上熟成されており、香り高くまろやかなコクがある。

ホセ クエルボ
エスペシャル
アルコール度数40度
容量750ml
参考価格OPEN

〔輸入元〕
アサヒビール㈱

おもなラインナップ

ホセ クエルボ エスペシャル シルバー／アルコール度数40度／参考価格OPEN **ホセ クエルボ 1800 シルバー**／アルコール度数40度／参考価格OPEN **ホセ クエルボ 1800 レポサド**／アルコール度数40度／参考価格OPEN **ホセ クエルボ 1800 アネホ**／アルコール度数40度／参考価格OPEN いずれも容量750ml

メキシコ

CAMINO REAL

カミノ レアル

テキーラ

テキーラ町の素朴な工場で生まれ世界で親しまれる糸瓜型ボトル

メキシコのハリスコ州テキーラ町で、70年以上の歴史を持つカミノレアル蒸溜所。名前の意味は「ハイウェイ」だが、近代化とはほど遠い素朴な工場だ。とはいえ、竜舌蘭（アガヴェ・アスール・テキラーナ）の中心部分ピニャを原料に、抽出、発酵、幾度にもわたる蒸溜の工程を経て、一本一本丁寧に造られるテキーラは評価が高い。独特な強い香りと、スムーズな口当たりが特徴だ。現地の農民が水筒にしている糸瓜をイメージしたボトルの形もユニークで、親しみやすい。

カミノレアル ホワイト
アルコール度数35度
容量750ml
参考価格2152円

〔輸入元〕
バカルディ ジャパン㈱

おもなラインナップ

カミノ レアル ゴールド
アルコール度数40度
容量750ml
参考価格2152円

メキシコ

MARIACHI

マリアチ

テキーラ

陽気な酒テキーラにふさわしく名は祭りを彩る楽団に由来

厳選されたブルーアガヴェを主原料に、昔ながらの製法で造られるテキーラは、爽やかな香りと豊かでやわらかな後味が特徴。甘くクリーンな味わいのシルバーは、すべてのカクテルに合う。13カ月熟成のアネホをブレンドしたゴールドは、暖かみのある味わいで、カクテルのテキーラ・サンライズにいい。ブランド名の由来は、メキシコの祭典を彩る民族色豊かな楽団「マリアチ」から。婚礼を盛り上げるために編成された楽団で、フランス語のマリアージュ（結婚）が訛ったものとされている。

マリアチ テキーラ シルバー
アルコール度数40度
容量700ml
参考価格OPEN

〔輸入元〕
ペルノ・リカール・ジャパン㈱

おもなラインナップ

マリアチ テキーラ ゴールド
アルコール度数40度
容量700ml
参考価格OPEN

メキシコ

OLMECA

オルメカ

テキーラ

メキシコ古代文明オルメカにちなむ太陽と情熱が育んだスピリッツ

マヤ文明以前という説もあるメキシコ古代文明、オルメカにちなんで名づけられたテキーラ。ラベルに描かれた顔は、オルメカ文明の象徴である巨大な石像がモチーフになっている。高品質のブルーアガヴェのみを原料に、優れた蒸溜技術によってクリーンな味と香りを実現。オーク樽で6カ月間熟成したレポサドは、ストレートやロックで深みのある味わいを楽しみたい。ハーブを思わせる香りと柑橘系の味わいのブランコは、カクテルベースにもおすすめだ。

オルメカ テキーラ
レポサド
アルコール度数40度
容量750ml
参考価格 OPEN

〔輸入元〕
ペルノ・リカール・ジャパン㈱

おもなラインナップ

オルメカ テキーラ ブランコ
アルコール度数40度
容量750ml
参考価格 OPEN

メキシコ

Sauza

サウザ

テキーラ

新鮮な香りとピュアな味わいで本場メキシコで人気抜群

メキシコ独立の1873年、ドン・セノピオ・サウザがハリスコ州テキーラ町に創業。ホセ・クエルボのクエルボ社（P192）と並ぶテキーラの二大メーカーだ。フレッシュな香りとピュアな口当たりで好評のシルバーは、メキシコで最も人気のあるテキーラ。一方、ゴールドは、甘いキャラメルやバニラのようなほのかなアガヴェの香りと、胡椒の香りのスパイシーさが特徴だ。

テキーラ サウザ シルバー
アルコール度数40度
容量750ml
参考価格1750円（税別）

〔輸入元〕
サントリー

おもなラインナップ

テキーラ サウザ ゴールド
アルコール度数40度
容量750ml
参考価格1800円（税別）

メキシコ

HERRADURA

エラドゥーラ

テキーラ

幸運の象徴をラベルに掲げた アガヴェ100% 使用の高級テキーラ

ハリスコ州テキーラ町の東、アマティタン町でフェリシアノ・ロモが1870年に創業。テキーラ製造業者の中でも老舗の一社で、プレミアム・テキーラの代名詞として世界中で知られている。エラドゥーラは、砂糖や発酵用の酵母も使用せず、ブルーアガヴェを100%使用した高級テキーラ。本物の味が満喫できるとして評価が高い。なお、エラドゥーラとは「蹄鉄」の意味。メキシコで幸運の象徴といわれている。

エラドゥーラ テキーラ プラタ
アルコール度数40度
容量750ml
参考価格2500円(税別)

〔輸入元〕
サントリー

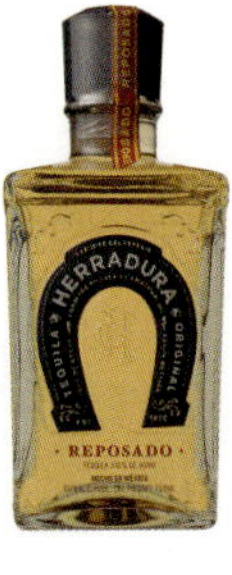

おもなラインナップ

エラドゥーラ テキーラ レポサド
アルコール度数40度
容量750ml
参考価格5800円(税別)

メキシコ

Don Julio

ドン・フリオ

テキーラ

伝説の職人の情熱が生みだした
芳醇な味わいの代表格テキーラ

ドン・フリオ レポサド
アルコール度数38度
容量750ml
参考価格OPEN

〔輸入元〕
キリンビール㈱

「伝説の男」「本物のテキレーロ(テキーラ職人)」と、最大級の賛辞を受けるドン・フリオ・ゴンザレス・エストラーダが造るメキシコのプレミアム・テキーラの代表格。生み出されるのは1942年に創設されたラ・プリマベーラ蒸溜所。ハリスコ州ロス・アルトスのブルーアガヴェ100%を原料に、栽培から熟成まですべてが手作業である。他のテキーラにあるような苦みがなく、まろやかで芳醇な味わいは、まさに逸品と呼ぶのにふさわしい。

おもなラインナップ

ドン・フリオ アネホ
アルコール度数38度
容量750ml
参考価格OPEN

ドン・フリオ 1942
アルコール度数38度
容量750ml
参考価格OPEN

ドン・フリオ レアル
アルコール度数38度
容量750ml
参考価格OPEN

メキシコ

Orendain

オレンダイン

テキーラ

個性の異なるラインナップが揃う テキーラ御三家の一つ

メキシコ・ハリスコ州テキーラ町にあるテキーラ御三家の一つ、オレンダイン社の創業は1926年。様々なタイプのテキーラを造り出している。厳選されたブルーアガヴェを100%使用し、蒸溜後にホワイトオークの樽で6カ月間熟成させたオリータス レポサドは、アガヴェの豊かな風味が感じられる自慢の逸品。ほかに、樽熟成をしないアガヴェのフレッシュな青臭さを生かした辛口のブランコ、2年間樽熟成したテキーラをブレンドした飲みやすいエクストラなどがある。

オレンダイン
オリータス レポサド
アルコール度数40度
容量750ml
参考価格4410円

〔輸入元〕
リードオフジャパン㈱

おもなラインナップ

オレンダイン ブランコ
アルコール度数40度
容量750ml
参考価格3150円

オレンダイン エクストラ
アルコール度数40度
容量750ml
参考価格3360円

column コラム 8

——竜舌蘭の蒸溜酒の総称——

Mezcal
メスカル

法的に産地や原料が定められているテキーラに対し、それ以外の竜舌蘭から造る蒸溜酒は、総称してメスカルと呼ばれる。もとは先住民のアステカ人が竜舌蘭から造っていた醸造酒プルケを蒸溜したといわれる。法的には指定の5品種の竜舌蘭の使用を定めているが、実際には様々な竜舌蘭から蒸溜酒が造られている。中に虫や唐辛子を入れたメスカルも有名。よくテキーラと間違えられるが、正しくはメスカルである。

メスカル グサノ ロホ
（アルコール度数38度／容量700ml）

100％アガヴェのメスカルに、グサノと呼ばれる芋虫が1匹入っている。日本で販売されているのはおもに赤い（＝ロホ）虫入り。この芋虫は竜舌蘭以外にはつかないので、入っているのは本物の証しなのだという。また、貴重なタンパク源であるとか、独特の風味を増すものだとか、虫を入れる理由はいくつかあるが、縁起物、メキシコらしさといった気分的な要素も大きいようだ。

グサノは現地では、干して塩や唐辛子と混ぜて粉末にし、メスカルのつまみにもされている。

メスカル テワナ コン チレ
（アルコール度数40度／容量500ml）

100％アガヴェのメスカルに、赤唐辛子が丸ごと1本入っている。メキシコ特産のチレパシージャという大きな品種で、ぴりっと刺激的な味。オアハカ州で100年以上続くチャゴヤ家が製造している。

その他の蒸留酒
The additional spirits

概説

ウイスキー、ブランデーと、ジン、ウオッカ、ラム、テキーラの四大スピリッツのほかに、世界各地には地域に密着した地酒的な蒸溜酒がある。それらは、気候風土や歴史よって育まれ、人々の生活と密接に関わってきた。それぞれに特有の味わいがあり、国民酒として国が規定を設けているものも多い。

蒸溜酒の製法の基本は、穀物や果実を主原料に、酵母を加えてアルコール発酵させ、できた原酒（醸造酒）を蒸溜する。そのため地域性は、まず第一にどんな原料を使うかによって現れる。そして、その土地の自然環境によって異なる酵母も大切な存在。たとえ同じ原料を使っても、酵母が違えば風味もおのずと違ってくるからだ。

また、香味づけも個性を出す大きな要素だ。主原料の風味（地域性や酵母の特性により様々）を受け継いだ蒸溜酒をベースとして、ハーブやスパイスなどで香味をつけることで、より独特な味わいが生まれる。

基本的な製法には、器具や手順、蒸溜を重ねる回数や熟成の仕方など複雑な要素が絡む。そこでさらに変化に富んだ風味が生み出されることはいうまでもない。

地域的な蒸溜酒のおもなもの

アクアビット

地域：北欧　主原料：ジャガイモ

キャラウェイはじめハーブ・スパイスで香味づけ。

コルン

地域：ドイツ　主原料：小麦、ライ麦など

香味づけをしないのが特徴。

カシャーサ（ピンガ）

地域：ブラジル　主原料：サトウキビ

アラック

地域：東南アジア〜中近東　主原料：ナツメヤシ、ココヤシなど

白酒（パイチュウ）

地域：中国　主原料：コーリャン、もち米など

焼酎

地域：日本　主原料：芋、米、麦など

ここで問題になってくるのが、リキュールとの区別だ。蒸溜酒に香味づけをする場合、そのエキス分が一定量以上のものはリキュールと呼ばれる。日本の酒税法では、リキュール類は混成酒類になり、蒸溜酒とは呼ばない。

従って、次のようなものは、その国を代表する酒で、蒸溜酒をもとに造られるが、リキュール類に分類されている。

ウゾ

地域：ギリシャ

アニスはじめハーブ・スパイスで香味づけ。

ラク

地域：トルコ

アニスなどハーブ・スパイスで香味づけ。

パスティス

地域：フランス

アニス、リコリスなどハーブ・スパイスで香味づけ。

リキュールの基礎知識

リキュールとは、ベースとなる蒸溜酒に、香味成分、糖類などを加えたもの。その歴史は古く、古代ギリシャ時代にヒポクラテスがワインに薬草を漬け込んだ薬酒を造ったのが起源とされている。

中世になると、錬金術師たちによって、生命の水＝Aquavitae アクア・ヴィテと呼ばれる蒸溜酒が誕生。そこに薬草を溶かし込む薬酒が生まれた。ちなみにリキュールという名は、ラテン語で「溶け込ませる」という意味の liquefacere リケファセレ、あるいは「液」という意味の liquor リクオルが転じたものとされる。

その後、薬酒は修道院などで造られるようになり、様々な薬草や香草を用いた製法が発達。15世紀になって、飲みやすくするために、香りづけをしたり、糖分を加えたものが登場。これが今のリキュールへと発展した。

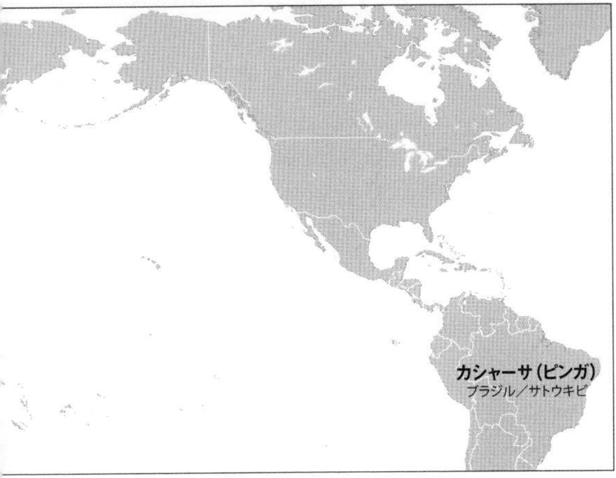

リキュールの定義と分類

日本の酒税法におけるリキュール類は、「酒類と糖類等を原料としたものでエキス分が2度（2％）以上のもの（清酒、焼酎、みりん、ビール、果実酒類、ウイスキー類、発泡酒、粉末酒などを除く）」と定められている。また、EUの法的な定義では、「リキュールはアルコール度数15度以上で、糖分を1ℓあたり100 g以上含むもの」とされ、糖分が250 g以上含まれるものは「クレーム・ド」（クレーム・ド・カシスは400 g以上）と呼んでもよいという規定になっている。

香味づけの方法には、香味のもとになるハーブ・スパイス類、果実などの副原料を、主原料と一緒に蒸溜する方法（蒸溜法）、副原料をベースになる蒸溜酒に漬け込む方法（浸漬法）、抽出した香料を蒸溜酒に加える方法（エッセンス法）などがある。種類は多種多様だが、副原料の種類によって、薬草・香草系、果実系、ナッツ・種子系、それ以外の特殊系に分類される。

アクアビット
Aquavit

〔概要〕

北欧の酒として有名。ジャガイモを主原料にキャラウェイ（セリ科、種子が香辛料）などで風味づけした蒸溜酒。スカンジナビア半島のスウェーデン、ノルウェー、デンマーク、それにドイツで造られている。

名称の語源は、ラテン語の Aquavitae アクアヴィテ=「生命の水」。国ごとに少し表記が異なり、スウェーデン語とデンマーク語 Akvavit、ノルウェー語 Akevitt、ドイツ語 Aquavit。

〔歴史〕

15世紀のスウェーデンの記録にアクアビットの記述が見られるが、その頃はワインを蒸溜したものを指し、いわばブランデーと同種だったとされている。その後、原料は穀類に変わり、ジャガイモが使われるようになるのは、北欧にジャガイモが伝えられた18世紀から。

〔製法〕

ジャガイモの糖分を発酵させ、蒸溜してできた原酒にキャラウェイはじめフェンネル、アニス、カルダモンなど様々なハーブ類で風味づけし、さらに蒸溜する。多くは樽熟成させず無色透明だが、一部には樽熟成もみられる。使うハーブによってそれぞれの個性が生まれる。

LINIE

リニア

赤道越えの船旅で風味が増す
ノルウェー王室御用達の蒸溜酒

デンマーク、スウェーデンと並ぶアクアビットの産出国ノルウェー。元国営の酒造会社アルカス社のリニアがよく知られている。名前の意味は「赤道」。その由来は、熟成方法にある。他と同様、ジャガイモを原料に蒸溜しキャラウェイなどハーブで香味づけするが、その後、シェリーの古樽に詰め、オーストラリアまで航海させるのだ。その昔、樽詰めのアクアビットを船積みして赤道越えの航海をしてくると風味が増していたことから生まれた方法という。海洋国家らしい蒸溜酒だ。

リニア アクアビット
アルコール度数41.5度
容量700ml
参考価格4200円

〔輸入元〕
重松貿易㈱

その他のアクアビットの銘柄

☆ドイツのアクアビット
オルデスローエ(Oldesloer)
ザンクトペトルス アクアヴィット
アルコール度数40度
容量700ml
参考価格3045円

〔輸入元〕
㈱ユニオンフード

コルン
Korn

〔概要〕

ドイツを代表する伝統酒。おもに麦を主原料にする穀物蒸溜酒で、無色透明、クセがないまろやかな味わいが特徴。

正式にはKorn branntweinコルン・ブラントヴァイン＝穀物のブランデー。コルンが「穀物」、ブラントヴァインは「焼きワイン」すなわちブランデーを意味する。略してコルンと呼ばれるようになった。

ドイツの蒸溜酒は総称してシュナップスと呼ばれ、コルンもその一つ。ビールとビールの合間に飲む「ビア＆シュナップス」という飲み方もされ、胃を温めるとの説もある。

〔原料と製造方法〕

EUの規定によって、原料は小麦、大麦、オーツ麦、ライ麦、ソバに限定され、それらを発酵・蒸溜した原酒、あるいはそれらを原料にしたグレーン・スピリッツから造られ、一切香味づけをしないものと定められている。普通のコルンはアルコール度数32度以上で、38度以上ならドッペルコルンと呼ばれる。

規定を守っていれば、原料も造り方も地域によって様々。小さなコルン業者は3000軒ともいわれるが、ほとんどがドイツ北西部にあり、それぞれ地元の酒として親しまれている。日本で知られているのは、大手のオルデスローエ社のものがほとんどだ。

Oldesloer

オルデスローエ

コルン　その他

小麦の名産地で造られる
ドイツ名産の穀物蒸溜酒

オルデスローエ社は1898年、ドイツ北部の町オルデスローエに、コルンの蒸溜メーカーとして創業。この地で採れる良質の小麦を原料に、ドイツを代表するコルンを造り続けている。長年培われた伝統技術を駆使した、クセのないすっきりとした味わい。「最も二日酔いしにくい蒸溜酒」ともいわれる。グリュンダー マルケ（「創業者の証し」の意）は、最上の小麦と最適な軟水で造る最高級コルンだ。同社ではドイツ特有のキャラウェイで香味づけしたスピリッツ、キュンメルなども製造している。

オルデスローエ コルン
アルコール度数32度
容量700ml
参考価格2100円

〔輸入元〕
㈱ユニオンフード

おもなラインナップ

グリュンダー マルケ
アルコール度数35度
容量700ml
参考価格2625円
キュンメル
（キャラウェイ・スピリッツ）
アルコール度数32度
容量700ml
参考価格2625円
※スピリッツでは、アクアビットも製造。→参照「アクアビット」P207

カシャーサ
Cachaça

〔概要〕

ブラジルで造られる、サトウキビが原料の蒸溜酒。名称はポルトガル語で、正確にはCachaça。地域で呼び名が異なり、日本ではサンパウロでの呼び名「ピンガ」も知られる。

歴史的には、16世紀にポルトガルからの移植者が開いたサトウキビのプランテーションで造られたのが始まり。砂糖造りの過程で偶然できたとされている。

カシャーサと名乗るためには、国によって定義が定められている。重要なポイントは、①原料はブラジル産サトウキビのみ、②アルコール度数が38～54度、③1ℓ当たり6gまで加糖可能、など。

〔製法と分類〕

サトウキビの搾り汁を加水せずに発酵させ蒸溜するのが製法の基本。造り方で大きく2タイプに分けられる。

一つは量産される「インダストリー（機械化生産）・カシャーサ」。短時間で発酵・蒸溜し、熟成は行わない。よってすっきりした味わい。日本ではおもにこちらが販売されている。

もう一つは「アーティザン（＝職人）・カシャーサ」。各蒸溜所内や契約農家で栽培されたサトウキビを搾り、時間をかけて発酵させ、銅釜で単式蒸溜後、木樽で熟成する。手間がかかる分、味わいも深い。ミナスジェライス州が主産地。小さな蒸溜所が多く、日本での入手は難しい。

CACHAÇA

カシャーサ 51

ブラジルから世界へ広がる
サトウキビの庶民派スピリッツ

　サンパウロ州ピラスヌンガ町で誕生した、ブラジルを代表する蒸溜酒カシャーサの最も有名なブランド。ちなみにこの地のカシャーサは、ピンガと呼ばれることも多い。「51」という名前は、51と番号のつけられた樽のカシャーサが非常においしかったことから名付けられた。サトウキビの搾り汁を発酵・蒸溜し、すっきり仕上げたクセのない味。ブラジルでは最もポピュラーな酒で、ライムジュースと砂糖、砕いた氷を一緒にシェイクするカイピリーニャというカクテルで飲むことも多い。

カシャーサ 51
アルコール度数40度
容量700ml
参考価格1080円(税別)

〔輸入元〕
サントリー

ひと口メモ

〈カシャーサの４大ブランド〉
Ypioca イピオカ
Velho Barreiro ヴェーリョ・バヘイロ
Tatuzinho タトゥジーニョ
51 Cinquenta e um シンクエンタ・イ・ウン

※「イピオカ」は1846年創業の老舗で、日本ではリードオフジャパン㈱が輸入販売。樽熟成の「ゴールド」「クリスタル」「オウロ」などがある(いずれもアルコール度数39度／容量700ml)

リキュール

Liqueur

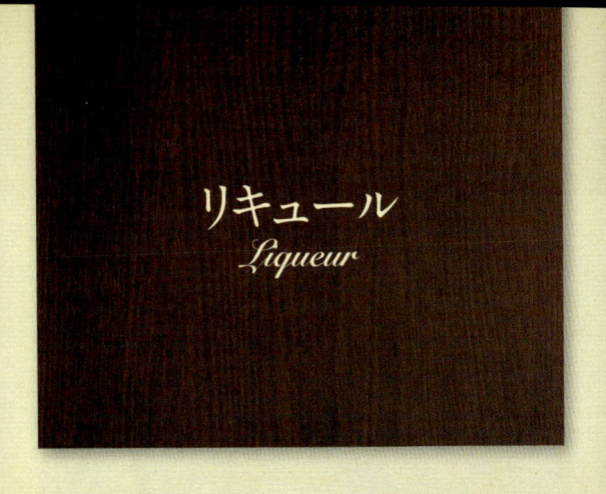

蒸溜酒に薬草・香草や果実をプラスした各国伝統のリキュール

ヨーロッパを中心に、各地で昔から造られてきたリキュール。苦みの強いもの、甘口のものが多いが、そのままストレートで、あるいはオンザロックや少し水で割る程度でダイレクトに味わうと、奥深さが見えてくる。長い歴史を持ち、伝統や文化とともに歩んできたリキュールのいくつかを紹介する。

アニシード
Aniseed

アニス
Anise

PERNOD / RICARD

ペルノ／リカール

アニスシードの清涼感が魅力
南フランスの風を感じるリキュール

ペルノとリカールは、フランスのアニス酒の代表ブランド。アニスの果実部分であるアニシードと様々なハーブから造られ、独特の爽快な風味を持つ。水を加えた途端、美しく澄んだ黄緑色の液体がミルキーな黄色に変化するのも特徴。現在は復活したが、20世紀に一度発売を禁止されたアブサンはアニス酒の代表格だが、禁止された間に一部原料を差し替え代替品として生まれた酒がパスティス（模倣から派生）と呼ばれる。製法はほとんど違わないが、アブサンの系統を引くのがアニス酒のペルノ、パスティスに分類されるのがリカールである。

ペルノ
アルコール度数40度
容量700ml
参考価格2900円

リカール
アルコール度数45度
容量700ml
参考価格2750円

〔輸入元〕
ペルノ・リカール・ジャパン㈱

ギリシャ

OUZO

ウゾ

その他　リキュール

アニスで香味づけし丁寧に蒸溜
世界的に有名なギリシャの伝統酒

ウゾ12
アルコール度数38度
容量700ml
参考価格2520円

〔輸入元〕
リードオフジャパン㈱

ギリシャの伝統的な国民酒。歴史は東ローマ帝国の時代に遡るとされ、キプロスでも愛飲されている。蒸溜酒にアニスとハーブ類で香味づけしたもので、アニス系リキュールに分類される。他のアニス酒と同様に、清涼感のある強い香りと、すっとする独特な味わいが特徴。水を加えると白濁する。ウゾ12は、常に12番目の樽から最高のウゾができたことに由来するという。10種類以上のハーブとスパイスを使い、2回蒸溜で丁寧に造られている。

ひと口メモ

RAKI
ラク
ギリシャの「ウゾ」とよく同列で語られるのが、トルコの「ラク」。同じように干しぶどうを原料に蒸溜してアニスを加えたアニス系リキュール。水を加えると白濁する様から「ライオンのミルク」などとも呼ばれる。ブランドでは「YENi RAKI イェニ ラク」が知られている。

フランス　薬草・香草系

CHARTREUSE

シャルトリューズ

南フランスの山奥にある修道院で誕生。130種もの薬草・香草を使っており、その調合は今もシャルトリューズ修道院の修道士3人以外は誰も知らないといわれている。すっとする味と香りが独特だ。大きく分けて緑色の「ヴェール」と黄色い「ジョーヌ」がある。

シャルトリューズ　ヴェール
アルコール度数55度・容量700ml・参考価格4100円(税別)
〔輸入元〕サントリー

フランス　薬草・香草系

Suze

スーズ

フランスでアニス系と人気を分け合う、薬草・香草系リキュールの代表格。ゲンチアナという野生リンドウの根から造られる。独特な苦みと爽やかさが特徴で、消化促進効果が高いとされる。1889年に誕生し、ピカソやダリら芸術家に愛されたことでも有名。

スーズ
アルコール度数15度・容量1000ml・参考価格3000円
〔輸入元〕ペルノ・リカール・ジャパン㈱

英国　薬草・香草系

DRAMBUIE

ドランブイ

1745年にスコットランドで誕生。熟成15年以上のスコットランド・モルトを中心に、ヒースの花の蜂蜜や様々なハーブ、スパイスを加えた味わい深い。名称はゲール語で「満足の酒」の意。

ドランブイ
アルコール度数40度・容量750ml・参考価格2100円(税別)
〔輸入元〕サントリー

イタリア　薬草・香草系

CAMPARI

カンパリ

イタリアを代表するリキュールで、世界190カ国以上で販売。1860年に造られたオランダ風苦味酒を元に発展。ビターオレンジをはじめとし、その他の30種類以上のハーブを配合している。鮮やかな赤い色と、独特なほろ苦さが特徴。食前・食中酒に好まれる。

カンパリ
アルコール度数25度・容量750ml・参考価格1550円(税別)
〔輸入元〕サントリー

イタリア　果実系

Maraschino

マラスキーノ

さくらんぼの一種、マラスカ種チェリーを使った無色透明のリキュール。種を使うことで複雑で芳醇な風味が生まれた。ダルマチア地方の素朴な酒だったが、1821年、ジロラモ・ルクサルドによって洗練されたマラスキーノが誕生。オーストリア皇帝にも愛された。第二次世界大戦後、イタリアで復活し人気を博した。

ルクサルド マラスキーノ
アルコール度数32度・容量750ml・参考価格3149円
〔輸入元〕ドーバー洋酒貿易㈱

フランス　果実系

Curaçao

キュラソー

キュラソーは、オレンジの果皮を蒸溜酒に漬け込んだリキュールの総称。17世紀後半、カリブ海のオランダ自治領キュラソー島のオレンジを使って造られたのが最初とされる。褐色のオレンジ・キュラソー、無色透明のホワイト・キュラソーなどがあり、なかでも19世紀にフランスで誕生したコアントローが有名。

コアントロー
アルコール度数40度・容量700ml・参考価格2100円(税別)
〔輸入元〕レミー コアントロー ジャパン㈱

イタリア　ナッツ・種子系

Amaretto

アマレット

イタリアの食後酒として有名。アンズの種子の核を主原料に、様々な香草や果実由来成分を加えたもので、アーモンドに似た甘い香りがする。16世紀に、ミラノ北部の町サローノを舞台にした、フレスコ画家と美しい女性の恋物語から生まれたという一説があり、広まったのは19世紀から。

ディサローノ アマレット
アルコール度数28度・容量700ml・参考価格1760円(税別)
〔輸入元〕サントリー

その他有名なリキュール

薬草・香草系

ペパーミント・ジェット

フランスで1760年設立のボンボニエール蒸溜所のミント・リキュールから発展

果実系

グラン・マルニエ

オレンジの果皮で香味づけした、フランスの有名なオレンジ・キュラソー

クレーム・ド・カシス
黒すぐりを使って、濃いルビー色

リモンチェッロ
レモンを使った伝統的な南イタリア名物

ディタ
1980年代に開発されたライチのリキュール

ナッツ・種子系

ノチェッロ
イタリアの名産。クルミとヘーゼルナッツで甘く食後酒向き

カルーア
コーヒー豆から造られ、カルーア・ミルクが有名。メキシコ産

チョコレート・(クリーム・)リキュール
「モーツァルト」「ゴディバ」が有名

ベイリーズ
クリームとアイリッシュ・ウイスキーで豊かな甘さ

本書で掲載した洋酒の輸入元・発売元

●本書で掲載した洋酒を取り扱っている輸入元（インポーター）、発売元の一覧です。

●本書で掲載した洋酒のデータは2011年7月現在のものです。輸入、発売事情等は常に変更の可能性があることをご了承ください。

●社名は順不同です。

◇サントリー お客様センター
〒135-8631 東京都港区台場2-3-3
TEL：0120-139-310　http://www.suntory.co.jp

◇キリンビール㈱　お客様センター
〒150-0001 東京都渋谷区神宮前6-26-1
TEL：0120-111-560　http://www.kirin.co.jp

◇アサヒビール㈱　お客様相談室
〒130-8602 東京都墨田区吾妻橋1-23-1
TEL：0120-011-121　http://www.asahibeer.co.jp

◇ MHD モエ ヘネシー ディアジオ㈱
〒101-0051 東京都千代田区神田神保町1-105 神保町三井ビル13F
TEL：03-5217-9777　http://www.mhdkk.com

◇ペルノ・リカール・ジャパン㈱
〒112-0004 東京都文京区後楽2-6-1 住友不動産飯田橋ファーストタワー34F
TEL：03-5802-2670　http://www.pernod-ricard-japan.com

◇バカルディ　ジャパン㈱
〒150-0011 東京都渋谷区東3-13-11 フロンティア恵比寿ビル2F
TEL：03-5843-0660　http://www.bacardijapan.jp

◇レミー コアントロー ジャパン㈱
〒105-0001 東京都港区虎ノ門3-8-25 T3 Gates 11F
TEL：03-6459-0690

◇㈱明治屋　（お客様相談室）
〒104-8302 東京都中央区京橋2-2-8
TEL：0120-565-580　http://www.meidi-ya.co.jp

◇国分㈱
〒103-8241 東京都中央区日本橋1-1-1
TEL：03-3276-4000　http://liquors.kokubu.co.jp

◇㈱ウィスク・イー
〒108-0023 東京都港区芝浦2-14-13 2F
TEL：03-5418-4611　http://www.whisk-e.co.jp

◇㈱ジャパンインポートシステム
〒104-0045 東京都中央区築地4-6-5
TEL：03-3541-5469　http://www.jisys.co.jp

◇ミリオン商事㈱
〒135-0016 東京都江東区東陽5-26-7
TEL：03-3615-0411　http://www.milliontd.co.jp

◇ドーバー洋酒貿易㈱
〒151-0064 東京都渋谷区上原3-43-3
TEL：03-3469-2111　http://www.dover.co.jp

◇リードオフジャパン㈱
〒107-0062 東京都港区南青山7-1-5 コラム南青山2F
TEL：03-5464-8182　http://www.lead-off-japan.co.jp

◇㈱ユニオンフード
〒103-0025 東京都中央区日本橋茅場町1-2-12 共同ビル（中央）2F
TEL：03-3669-3876　http://www.union-foods.co.jp

◇ユニオンリカーズ㈱
〒100-0013 東京都千代田区霞が関3-6-7 DF霞が関プレイス
TEL：03-5510-2684　http://www.union-liquors.com

◇木下インターナショナル㈱
〒601-8101 京都府京都市南区上鳥羽高畠町56
TEL：075-681-0721　http://www.kinoshita-intl.co.jp

◇㈱ラック・コーポレーション
〒107-0052 東京都港区赤坂5-2-39 円通寺ガデリウスビル1F
TEL：03-3586-7501　http://www.luc-corp.co.jp

◇㈲フードライナー
〒658-0031 兵庫県神戸市東灘区向洋町東4-5
TEL：078-858-2043
http://www.foodliner.co.jp

◇サッポロビール㈱　（お客様センター）
〒150-8522 東京都渋谷区恵比寿4-20-1（恵比寿ガーデンプレイス内）
TEL：0120-207-800　http://www.sapporobeer.jp

◇宝酒造㈱　お客様相談室
〒600-8688 京都府京都市下京区四条通烏丸東入長刀鉾町20
TEL：075-241-5111　http://www.takarashuzo.co.jp

◇日本酒類販売㈱
〒104-8254 東京都中央区新川1-25-4
TEL：0120-866-023　http://www.nishuhan.co.jp

◇三菱食品㈱
〒143-6560 東京都大田区平和島6-1-1
TEL：03-3767-4800

◇重松貿易㈱
〒541-0047 大阪府大阪市中央区淡路町2-2-5
TEL：06-6231-6081　http://www.shigematsu.jp

50音索引（掲載銘柄　※ラインナップ銘柄は掲載していません）

【ア行】

【カ行】

【サ行】

【ナ行】

【ハ行】

【マ行】

memo

memo

memo